ISW 57

Berichte aus dem Institut für Steuerungstechnik
der Werkzeugmaschinen und Fertigungseinrichtungen
der Universität Stuttgart

Herausgegeben von Prof. Dr.-Ing. G. Stute †

S. CHMIELNICKI

Flexible Fertigungssysteme

Simulation der Prozesse
als Hilfsmittel zur Planung und zum Test
von Steuerprogrammen

Springer-Verlag
Berlin · Heidelberg · New York · Tokyo 1985

D 93

Mit 45 Abbildungen

ISBN-13: 978-3-540-15492-1   e-ISBN-13: 978-3-642-82525-5
DOI: 10.1007/978-3-642-82525-5

2362/3020-543210

Geleitwort des Herausgebers

Das Institut für Steuerungstechnik der Werkzeugmaschinen und Fertigungseinrichtungen der Universität Stuttgart befaßt sich mit den neuen Entwicklungen der
Werkzeugmaschinen und anderen Fertigungseinrichtungen, die insbesondere durch
den erhöhten Anteil der Steuerungstechnik an den Gesamtanlagen gekennzeichnet
sind. Dabei stehen die numerisch gesteuerten Werkzeugmaschinen in Programmierung, Steuerung, Konstruktion und Arbeitseinsatz sowie die vermehrte Verwen-
dung des Digitalrechners in Konstruktion und Fertigung im Vordergrund des In-
teresses.

Im Rahmen dieser Buchreihe sollen in zwangloser Folge drei bis fünf Berichte pro
Jahr erscheinen, in welchen über einzelne Forschungsarbeiten berichtet wird. Vor-
zugsweise kommen hierbei Forschungsergebnisse, Dissertationen, Vorlesungsmanu-
skripte und Seminarausarbeitungen zur Veröffentlichung.

Diese Berichte sollen dem in der Praxis stehenden Ingenieur zur Weiterbildung
dienen und helfen, Aufgaben auf diesem Gebiet der Steuerungstechnik zu lösen.
Der Studierende kann mit diesen Berichten sein Wissen vertiefen.

Unter dem Gesichtspunkt einer schnellen und kostengünstigen Drucklegung wird
auf besondere Ausstattung verzichtet und die Buchreihe im Fotodruck hergestellt.

Der Herausgeber dankt dem Springer-Verlag für Hinweise zur äußeren Gestaltung
und Übernahme des Buchvertriebs.

<u>Vorwort</u>

Die vorliegende Arbeit entstand während meiner Tätigkeit als
wissenschaftlicher Mitarbeiter am Institut für Steuerungstechnik der Werkzeugmaschinen und Fertigungseinrichtungen
(ISW) der Universität Stuttgart.

Die Voraussetzungen für diese Arbeit wurden durch den verstor-
benen Institutsleiter, Herrn Prof. Dr.-Ing. G. Stute, geschaffen. Herr Prof. Dr.-Ing. A. Storr hat die Entwicklung des
Simulationsprogrammiersystems SIKTAS unterstützt. Bei ihm
bedanke ich mich für sein Engagement für die Simulation, für
die Anregungen zur Gestaltung der vorliegenden Arbeit und die
Übernahme des Hauptberichts.

Herrn Prof. Dr.-Ing. H.-J. Warnecke gilt mein Dank für den
Mitbericht.

Durch eine fruchtbare Zusammenarbeit mit der Industrie konnte
das Simulationsprogrammiersystem SIKTAS verbessert werden. Ich
bedanke mich bei allen Partnern aus der Industrie für ihr mir
entgegengebrachtes Vertrauen.

Allen Kollegen der Gruppe 5, insbesondere den Herren Dipl.-Ing.
J. Mayer, Dr.-Ing. R. Ohnheiser und Dr.-Ing. H. Steinhilber,
sowie allen Mitarbeitern, Mitarbeiterinnen und Studenten des
Instituts, danke ich für die interessante Zusammenarbeit und
die schöne, oft auch fröhliche Zeit.

Siegmund Chmielnicki

Inhaltsverzeichnis

Abkürzungen und Kurzdefinitionen

ANEVENT	analysis laboratory discrete event
ALGOL	algorithmic language
BASIC	beginners all symbolic instruction code (höhere Programmiersprache)
C	höhere universelle Programmiersprache
CAD	computer aided design
CAE	computer aided engineering
CAM	computer aided manufacturing
CAP	computer aided planning
DNC	direct numerical control
ECSL-CAPS	extended control simulation language - computer aided programming for simulation
GASP	general activity simulation program
GCMS	general computerized manufacturing systems simulator
GKS	Graphisches Kernsystem
GPSS	general purpose simulation system
GPSS-F	GPSS-FORTRAN
F-GPSS	FORTRAN-GPSS
FFS	flexibles Fertigungssystem
FORTRAN	formula translation; technisch-naturwissenschaftliche höhere Programmiersprache
INSIMAS	interaktive Simulation von Materialflußsystemen
MAST	manufacturing system design tool
MFSP	Materialfluß-Simulationsprogramm
NC	numerical control
PASCAL	universelle höhere Programmiersprache; genannt nach dem berühmten franz. Mathematiker
Q-GERT	graphical evaluation and review technic of queueing systems
SIKTAS	Simulation komplexer technischer Anlagen und Systeme (Simulationsprogrammsystem)
SIMAN	simulating manufacturing systems
SIMFLEX	graphisch-interaktiv wirkendes Simulationsprogramm

SIMSCRIPT	simulation scripture
SIMULA	simulation language
SIMULAP	Simulator für Materialfluß- und Lagerprozesse
SLAM	simulation language for alternative modelling
SPEED	Simulationsprogrammiersystem
UNIX	weit verbreitetes Rechnerbetriebssystem

Symbole und Bezeichnungen

Die im Text erläuterten und nur lokal verwendeten Größen werden
an dieser Stelle nicht erwähnt.

$\sum$	Summenzeichen
$\wedge$	Allquantor (Allzeichen)
$\vee$	Existenzquantor (Seinszeichen)
$\in$	Elementzeichen
$\cup$	Vereinigung zweier Mengen
$\cap$	Durchschnitt zweier Mengen
$\vee$	Disjunktion
$\wedge$	Konjunktion
$\prec$	Ordnungsrelation
$|A|$	Kardinalzahl
$[a,b]$	beidseitig abgeschlossenes Intervall
sign(a)	Vorzeichen von a
int(a)	der ganzzahlige Wert von a
(x,y)	Zahlenpaar
(x,y,z)	Zahlentripel
$\mathbb{N}$	Menge der ganzen Zahlen
$\mathbb{N}^+$	Menge der positiven ganzen Zahlen

<u>Indizes</u>

z	Zeile (auf dem Bildschirm)
s	Spalte (auf dem Bildschirm)
Bild	Kennzeichen der Definitionsmenge der Bildkoordinaten für Vollgraphik

1 Einleitung

Seit der ersten Inbetriebnahme eines flexiblen Fertigungssystems im Jahre 1967 sind bis Anfang 1983 weltweit über 125
Systeme in Betrieb / 1 , 2 /. In Bild 1.1 ist die Anzahl der
jährlich begonnenen Installationen für diesen Zeitraum dargestellt, wobei nicht alle dieser flexiblen Fertigungssysteme
zu Beginn des Jahres 1983 in Betrieb genommen waren / 3 /. Da
flexible Fertigungssysteme in Zukunft weit stärker als bisher
zum Einsatz kommen werden, gewinnt auch die Planung flexibler
Fertigungssysteme an Bedeutung. Es hat sich in der Vergangen-
heit erwiesen, daß zur Dimensionierung und zur Auswahl der
Komponenten eines flexiblen Fertigungssystems in der Planungs-
phase der zeitliche Verlauf der Fertigung untersucht werden
muß / 4 /. Für solche Untersuchungen wurden eine Reihe verschiedener Methoden herangezogen. Am häufigsten wurden Verfahren aus der Wahrscheinlichkeitstheorie (Warteschlangentheorie / 5 /, Markov'sche Prozesse / 6 /) zu Berechnungen verwen-

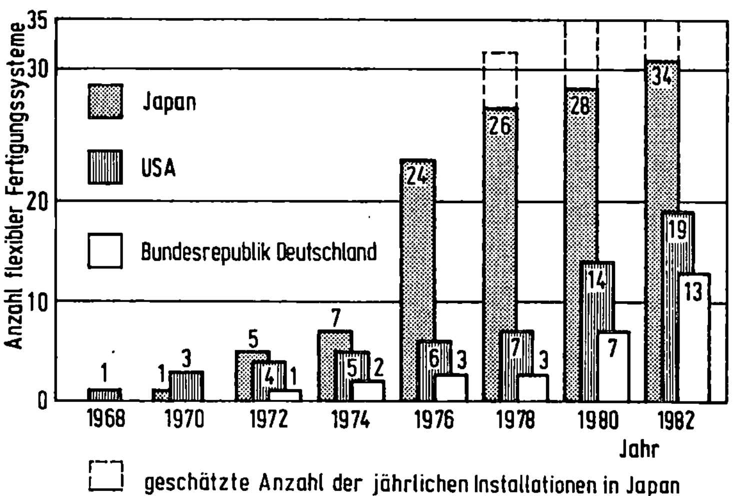

Bild 1.1 : Anzahl der weltweit jährlich aufgebauten und
sich im Aufbau befindlichen flexiblen Fertigungssysteme / 3 /.

det oder der Fertigungsverlauf wurde auf elektronischen Datenverarbeitungsanlagen simuliert. Mathematisch-analytische Berechnungsmethoden dienen vorwiegend überschlägigen Berechnungen.

Als bedeutendste dieser Planungsmethoden hat sich die Simulation erwiesen / 4 /. Unter "Simulation" versteht man die Nachbildung eines realen Vorgangs in einem funktionstüchtigen Modell und das anschließende Experimentieren mit diesem / 7 /.
Diese Methode hat sich deswegen durchgesetzt, weil das Simulationsmodell im Vergleich zu den anderen Methoden anschaulicher ist. Beschränkungen hinsichtlich des abzubildenden Systems werden nur durch die verwendete Datenverarbeitungsanlage
auferlegt und nicht durch die Methode selbst.

Bisher wurde die Simulation aussschließlich bei der Planung
flexibler Fertigungssysteme angewendet. Um die Planungskosten
klein zu halten und auch Simulationsergebnisse schnell zu bekommen, werden Simulationsmodelle für Planungszwecke meist derart erstellt, daß sie Vorgänge in flexiblen Fertigungssystemen
nur grob abbilden. Simulationsmodelle lassen sich jedoch auch
zum Test für Steuerprogramme einsetzen. Die für diese Zwecke
erforderliche Genauigkeit der Abbildung realer Vorgänge im Simulationsmodell muß sehr groß sein. Da flexible Fertigungssysteme im Detail verschieden sind, müssen für den Test von Steuerprogrammen individuelle Simulationsmodelle erstellt werden.
Steuerprogramme sind Programme zur Steuerung des Materialflusses, zur Fertigungsführung (Bedienung, Maschinenbelegung usw.),
zur NC-Programmverwaltung, zur NC-Programmverteilung und zur
Erfassung von Betriebsdaten. Das Ziel dieser Arbeit ist es,
eine Methode zu entwickeln, mit der individuelle Simulationsmodelle für Planungszwecke und zum Test von Steuerprogrammen erstellt werden können.

2 Simulationssprachen und -programmiersysteme.

Allgemein wird Simulation in "Simulation stetiger Systeme"
und "Simulation diskreter Systeme" eingeteilt / 8 , 9 /. Der
Begriff "System" ist wiederum in / 10 / als eine "Anordnung
von aufeinander einwirkenden Gebilden, die man sich durch eine Hüllfläche von ihrer Umgebung abgegrenzt vorstellen kann",
definiert. Nach / 11 / läßt sich Simulation in statische und
dynamische Simulation weiter unterteilen (Bild 2.1). Statische
Simulation verwendet mathematische Modelle, bei denen Funtio-
nen mit verschiedenen ggf. auch differenzierten Zeitpunkten zugeordneten Parametersätzen aufgestellt werden. Bei der dynamischen Simulation sind die Modelle nach logischen Gesetzen ablaufende Rechnerprogramme, welche über eine interne Zeitabbil-
dung verfügen.

Alle bisher veröffentlichten Einteilungen der Simulation sind
nicht konsequent genug vorgenommen worden. Es muß einerseits
unterschieden werden, was zu simulieren ist, und andererseits

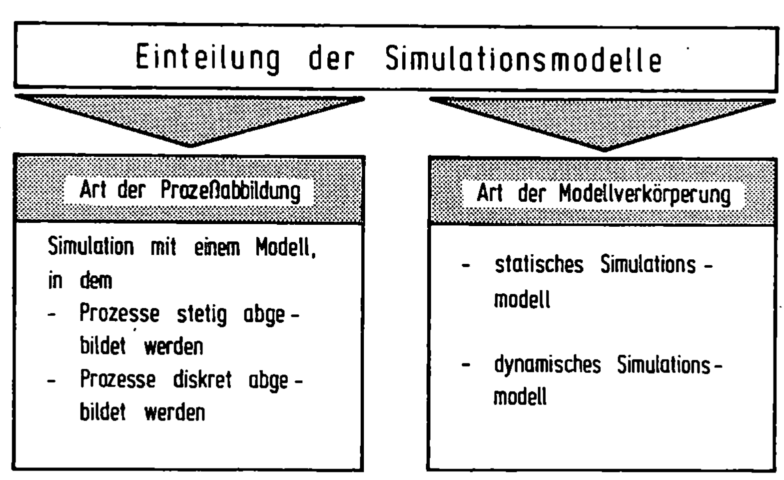

Bild 2.1 : Ordnungsschema für Simulationsmodelle.

mit welcher Art von Modell simuliert wird. Zu simulieren ist
nicht das System an sich, sondern sind die Prozesse, welche
in einem System ablaufen. Unter Prozeß wird nach / 12 / die
Umformung und/oder der Transport von Materie, Energie und/
oder Information verstanden.

Für die Planung von Fertigungsanlagen haben sich besonders
diejenigen Simulationsmodelle als geeignet erwiesen, die Prozesse diskret nachbilden / 8 /. In diesem Zusammenhang läßt
sich der Begriff "Prozeß" noch weiter einengen. Ein technischer Prozeß ist ein Prozeß, dessen Zustandsgrößen mit technischen Mitteln gemessen, gesteuert und/oder geregelt werden
können / 12 /. Prozesse in flexiblen Fertigungssystemen (z.B.
beim Lagern, Puffern, Transportieren, Handhaben) sind gemäß
dieser Definition technische Prozesse. Im folgenden soll unter
Prozeß einfacherweise der technische Prozeß verstanden werden.
Da sich die vorliegende Arbeit ausschließlich mit derjenigen
Simulation befaßt, bei der Prozesse in einem diskreten Modell
nachgebildet werden, soll in den weiteren Abschnitten nur noch
diese Art der Simulation behandelt werden.

Eine Programmiersprache gestattet die Formulierung einer Aufgabe durch den Programmierer und ist durch Syntax und Semantik
im Sprachumfang festgelegt / 13 /. Simulationssprachen sind
Programmiersprachen, die Sprachelemente bieten, mit denen Prozesse beschrieben werden können. Ein Simulationsprogrammiersystem (im folgenden kurz Simulationssystem genannt) ist ein
problemorientiertes Programmiersystem zur Simulation von Prozessen, das aus einer problemorientierten Sprache oder einer
Programmiervorschrift, einem Programmsystem und Dateien besteht. Als Programmsystem sei eine Menge von Rechnerprogram-
men definiert, welche in einer oder in mehreren Programmiersprachen geschrieben sind. Aus diesen Programmbausteinen kann
nach vorgegebenen Regeln ein aufgabenorientiertes Programm
zusammengestellt werden.

Nach / 8 / lassen sich diskrete Simulationssprachen bzw. -sy-
steme in blockorientierte und anweisungsorientierte untertei-

len. Bei den blockorientierten werden die Prozesse durch vorgefertigte Programmblöcke abgebildet, bei den anweisungsorientierten muß ein Prozeß mit Hilfe von Sprachelementen beschrieben werden. Die meisten der Simulationssysteme basieren auf einer höheren Programmiersprache, so daß zur Simulation kein spezieller Compiler (übersetzungsprogramm) benötigt wird. Programme, welche in einer weit verbreiteten Programmiersprache geschrieben sind, werden als übertragbar bezeichnet, weil sie auf fast allen Rechenanlagen implementiert werden können.

Bezeichnung	geschrieben in	Literatur
ANEVENT	FORTRAN	/14/
ECSL-CAPS	FORTRAN	/15/
GASP IV	FORTRAN	/16/
GCMS	FORTRAN	/17/
GPSS	Masch.	/18/
GPSS-F	FORTRAN	/19/
F-GPSS	FORTRAN	/20/
INSIMAS	FORTRAN	/21/
MAST	FORTRAN	/22/
MFSP	FORTRAN	/23,24/
Q-GERT	FORTRAN	/25/
SIMAN	FORTRAN	/26/
SIMFLEX/2	PASCAL	/27/
SIMSCRIPT	Masch.	/28/
SIMULA	Masch.	/29/
SIMULAP.	FORTRAN	/30/
SLAM	FORTRAN	/31/
SPEED	FORTRAN	/32/

Bild 2.2 :
Sprachen bzw.
Programmsysteme für diskrete Simulation.

Masch. : Maschinensprache

Trotz ihrer Vielfalt ist keine der aufgeführten Simulationssprachen und keines der betrachteten Simulationsprogrammsysteme als Hilfsmittel zur Planung flexibler Fertigungssysteme und
zum Test von Steuerprogrammen in besonderem Maße geeignet.
Sind sie derart aufgebaut worden, daß die Simulationsmodelle
einfach zu erstellen sind, so können damit keine Steuerprogramme getestet werden, weil sie nicht von realen oder abgebildeten Steuerprogrammen ansteuerbar sind. Gestattet es eine
Simulationssprache (z.B. SIMULA), daß von Steuerprogrammen
anzusteuernde Simulationsmodelle erstellt werden können, so
ist die Modellbildung in der Regel zeitraubend und aufwendig
/ 14 /. Ein weiterer Nachteil von Simulationssprachen / 18 ,
28 , 29 / ist, daß Steuerprogramme nicht in ihnen geschrieben
werden, weil sie für die Formulierung von Steuerfunktionen ungeeignet sind. Dadurch müßte ein Simulationsmodell mit mehreren Programmiersprachen erstellt werden, was die Modelldarstellung wesentlich erschwert.

Aus diesen Gründen ist ein Simulationsprogrammsystem zu entwickeln, das auf einer höheren Programmiersprache basiert und
Prozesse diskret abbildet. In dieser höheren Sprache werden
auch Steuerprogramme erstellt. Damit dieses Simulationsprogrammsystem einfach handzuhaben ist, muß eine Methodik zur Erstellung, Darstellung und Kontrolle von Simulationsmodellen
erarbeitet werden.

3 Anforderungen an ein Simulationssystem zur diskreten Simulation flexibler Fertigungssysteme.

Die Anforderungen an ein Simulationssystem zur diskreten Simulation flexibler Fertigungssysteme ergeben sich aus verschiedenen Einflußbereichen (Bild 3.1).

Flexible Fertigungssysteme lassen sich in Teilfunktionen und -systeme untergliedern / 33 , 34 /. Sie bestehen im wesentlichen aus

- Arbeitssystem,
- Materialflußsystem,
  - o für Werkstücke
  - o für Werkzeuge
  - o für Hilfsstoffe
  - o für Abfälle
- Steuer- und Informationssystem
  - o technisch (technologisch und geometrisch)
  - o organisatorisch

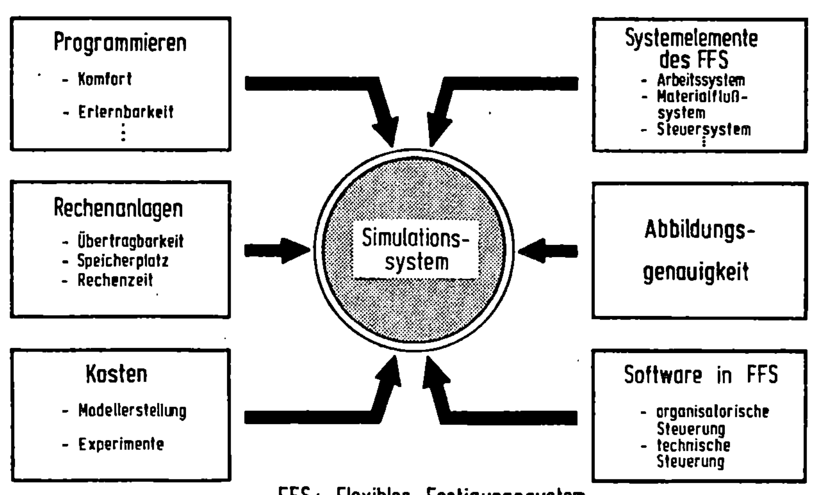

Bild 3.1 : Einflußbereiche für Anforderungen an ein diskretes Simulationssystem.

- Meß- und Prüfsystem,
- Umrüstsystem (Maschinen, Vorrichtungen usw.),
- Instandhaltungssystem.

Ein Arbeitssystem ist nach / 33 / ein Teilsystem eines Fertigungssystems mit der Funktion, entsprechend eingegebener Informationen unter Einwirkung zugeführter Energie eine Eigenschaftsveränderung (im wesentlichen geometrische Gestaltsänderung) an einem oder mehreren Werkstücken gleichzeitig auszuführen. Elemente des Arbeitssystems sind die Fertigungsstationen. Vorwiegend sind damit Werkzeugmaschinen gemeint, es können jedoch auch Schweißstationen, Lackier- oder andere fertigende Stationen unter diesen Begriff fallen. Im Simulationsmodell müssen somit die unterschiedlichen Arten der Prozesse, welche innerhalb dieser Stationen und ihrer Umgebung ablaufen, abgebildet werden können.

Die Abgrenzung der Fertigungsstationen zum Materialflußsystem (Werkstückfluß, Werkszeugfluß) bildet derjenige Platz, an dem sich das Werkstück bei Beginn und am Ende der Bearbeitung in der Fertigungsstation befindet. Orts- und Lageveränderungen (Fördern, Werkstück-/Werkzeugwechsel), zeitüberbrückende Vorgänge (Speichern), sowie Maßnahmen zur Lagesicherung in den Arbeitsstationen (Bestimmen und Spannen) / 35 / sind Funktionen, die sowohl für den Werkstückfluß als auch für den Werkzeugfluß typisch sind / 36 /.

In / 35 / ist die Materialflußgestaltung in flexiblen Fertigungssystemen ausführlich behandelt worden. Die Notwendigkeit einer Simulation von Materialflußsystemen für Hilfsstoffe und Abfälle ist nur dann gegeben, wenn der Werkstückfluß und/oder der Werkzeugfluß mit ihnen unmittelbar verknüpft sind. Prinzipiell unterscheiden sich die Aufgaben bei einer eventuellen Simulation kaum von denen beim Werkstück- oder beim Werkzeugfluß. Somit sind die Anforderungen aus allen Bereichen der Materialflußsysteme an ein Simulationsprogramm dieselben. Es müssen die Prozesse, welche in verschiedenen

- Transport-und Fördersystemen,
- Handhabungssystemen,
- Lager- und Puffersystemen,

ablaufen einschließlich ihrer Steuerungsmöglichkeiten simuliert werden können. Darin müssen Werkstücke, Werkzeuge, Werkstückträger (Paletten, Behälter), Werkzeugmagazine, Transport- und Fördergeräte, sowie sonstige als Transport- oder Fördergut zusammengefaßte Mengen von Gütern identifizierbar und darzustellen sein. Die Trennung zwischen den Bewegungen der Transporteinrichtung und den Bewegungen des Transportgutes an sich ist wichtig. Während des Transportes bilden Transporteinrichtung und Transportgut eine Einheit, die sich bewegt. Nach der Übergabe des Transportgutes an eine Fertigungseinrichtung bewegen sich beide unabhängig voneinander. Umgekehrt vereinen sich die Bewegungen der beiden Partner, nachdem das Transportgut an die Transporteinrichtung zurückgegeben wurde.

Prozesse im Meß-und Prüfsystem können in einem Simulationsmodell wie Prozesse im Arbeitssystem behandelt werden. Dementsprechend sind die Anforderungen an ein Simulationsmodell zu den Anforderungen, wie sie das Arbeitssystem an ein Simulationsmodell stellt, identisch. Das Meß-und Prüfsystem ist als eine Variante des Arbeitssystems zu behandeln.

Eine Besonderheit bildet das Umrüstsystem, weil es diejenige Schnittstelle darstellt, die das flexible Fertigungssystem mit anderen Fertigungsbereichen verbindet. Da die Prozesse außerhalb des flexiblen Fertigungssystems nicht Gegenstand einer Simulation der Prozesse innerhalb dieses flexiblen Fertigungssystems sind, muß durch Algorithmen beschrieben werden, wie Werkstücke oder Werkzeuge in das System gebracht oder aus dem System herausgeholt werden sollen.

Aufgaben des Steuersystems in flexiblen Fertigungssystemen (Bild 3.2) werden in / 36 / beschrieben. In der Funktionssteuerung werden die zur Betätigung der einzelnen Stellglieder erforderlichen Stellsignale erzeugt. Die Befehle für die Funk-

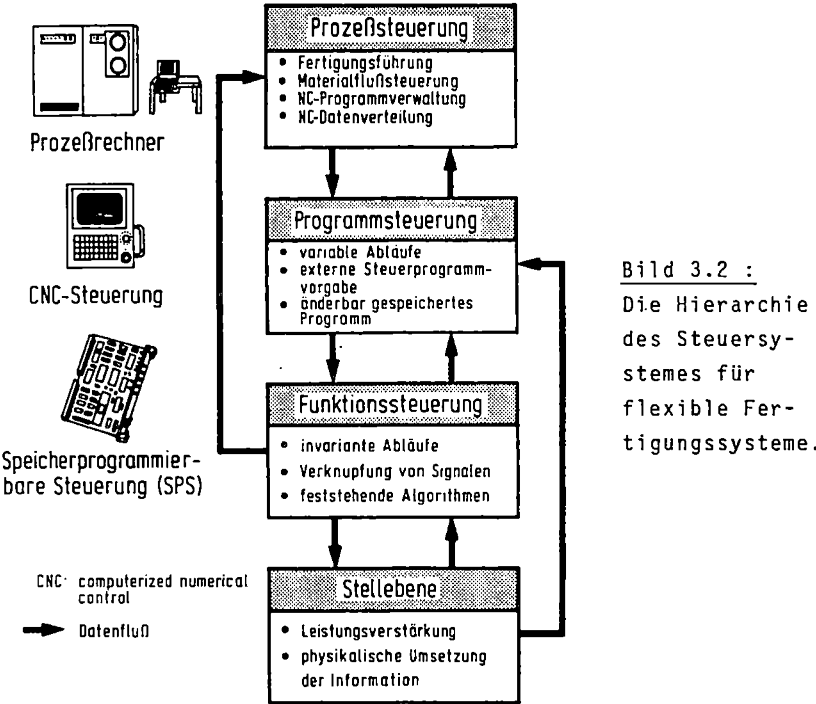

Bild 3.2 :
Die Hierarchie
des Steuersy-
stemes für
flexible Fer-
tigungssysteme.

tionssteuerung stammen von der Handeingabe (Eingabe des Bedie-
ners) oder von der übergeordneten Programmsteuerung. Im Gegensatz zur Funktionssteuerung liegen die Abläufe nicht in Form
von unveränderlichen Algorithmen mit Verknüpfungs-, Zeit- und/
Speicherfunktionen intern fest vor, sondern in Form von änder-
baren Programmen zur Steuerung eines Fertigungsablaufs, einer
Transportfunktion, einer Handhabungsfunktion oder eines Meß-
vorgangs. Für die Programmsteuerung ist ein Schreib-Lese-Spei-
cher für Programme und Daten charakteristisch. Im folgenden
soll eine Einheit bestehend aus Programm- und Funktionssteuerung Gerätesteuerung geheißen werden. Der Gerätesteuerung ist
die Prozeßsteuerung überlagert. Sie nimmt organisatorische und
fertigungsvorbereitende Aufgaben wie Programmverwaltung, Da-
tenverteilung, Materialflußsteuerung, Zustandsdatenerfassung
und -verarbeitung, Disposition von systeminternen Aufträgen,
NC-Programmierung usw. wahr / 38 , 40 /. Im Simulationsmodell

muß der abgebildete Prozeß durch eine reale Prozeßsteuerung
oder eine Abbildung der realen Prozeßsteuerung steuerbar sein.
Zu diesem Zwecke müssen vom Simulationsmodell diejenigen Prozeßdaten erzeugt und weitergegeben werden, die auch der reale
Prozeß der Steuerung zur Verfügung stellen würde. Prozeßdaten
sind nach / 12 / Daten, die vom Prozeß zu einer Funktionseinheit / 10 / übertragen oder übergeben werden und die von dieser Funktionseinheit in booleschen, arithmetischen, verglei-
chenden, umformenden, übertragenden und speichernden Operationen zur Steuerung des Prozesses verarbeitet werden. Für eine
detaillierte Abbildung der Prozesse der Gerätesteuerung besteht
kein Bedarf, weil ihre Funktion an den zugehörigen Komponenten
des flexiblen Fertigungssystems sinnvoller zu testen ist.

Während bisher zeitdiskrete Simulation vorwiegend als Unter-
stützung der Planung vor dem Aufbau einer Anlage eingesetzt
wurde, ergeben sich jetzt neue Anwendungsgebiete. Man kann
diese neuartige Anwendungen nach drei Einsatzgebieten ordnen:
- Planung,
- Schulung,
- Programmentwicklung für die Steuerung.
Im Bereich der Planung muß vor dem Aufbau der Anlage durch
Simulation garantiert werden können, daß das flexible Ferti-
gungssystem die gewünschte Produktionsmenge fertigen kann.
Nach dem Aufbau der Anlage sind die Planungsarbeiten fortzu-
setzen. Im wesentlichen stehen folgende Planungsaufgaben an:
- Betriebsmittelplanung,
- Materialflußoptimierung angrenzender
  Fertigungsanlagen,
- Dispositionsüberwachung,
- Erweiterungsplanungen.

Betriebsmittelplanung und Dispositionsüberwachung sind von
besonderer Wichtigkeit, da sie immer häufiger gefordert werden. Bei der Betriebsmittelplanung soll mit Hilfe von Simulation meist die notwendige Anzahl von Werkstückträgern (Paletten, Vorrichtungen usw.) für ein neu in der Anlage zu ferti-
gendes Produkt gefunden werden.

Der Einfluß der Transportzeiten und des Betriebszustandes der
Anlage wird bei dispositiven Berechnungen pauschal beachtet
oder vernachlässigt. Vor allem bei der Fertigung mit kleinen
Bearbeitungszeiten darf dieser Einfluß nicht unberücksichtigt
bleiben. Erst eine Simulation zeigt, ob die vorgegebene Disposition eingehalten werden kann. Da Dispositionsberechnungen im
Steuersystem vorgenommen werden, müssen Simulationsmodelle,
mit denen die Ergebnisse der Dispositionsberechnungen nachge-
prüft werden, in die Prozeßsteuerung integriert werden.

Die Bedeutung der Schulung von Personal nimmt zu, wenn von ihm
rechnergestützt organisatorische Leistungen, wie z.B. das Verändern des Maschinenbelegplans bei Störungen, zu vollbringen
sind. Simulation verhilft hierbei zu einem risikolosen Üben,
wenn die Steuerungssoftware der realen Anlage ein Simulationsmodell steuert. Ein solches Simulationsmodell kann ein nützli-
ches Hilfsmittel bei der Entwicklung von Programmen für die
organisatorische Steuerung sein.

Aufgrund aller oben aufgeführten Forderungen darf ein Simulationssystem nur wenig Speicherplatz im Rechner beanspruchen,
weil es in die Steuerung integrierbar sein sollte. Die Programme dürfen nur sehr kurze Ausführungszeiten aufweisen, damit Simulationen die Steuerung nicht übermäßig belasten. Deshalb muß grundsätzlich untersucht werden, welche Elemente für
ein Simulationssystem notwendig sind, um damit Simulationsmodelle für die Planung und zum Test von Steuerprogrammen erstellen zu können. Diese Elemente sollen die Modellbildung
vereinfachen, so daß das Simulationsmodell schnell und einfach
zu erstellen ist.

4 Modellerstellung

Die Werkstücke, welche im flexiblen Fertigungssystem zu fertigen sind, bilden die Grundlage für die gesamte Planung. Das
Bearbeitungsprofil für dieses Werkstückspektrum ermöglicht die
Auswahl von Maschinen, welche zur Bearbeitung der Werkstücke
geeignet sind. Sobald die Maschinen des flexiblen Fertigungssystemes ermittelt sind, können die Fertigungszeiten für die
Werkstücke berechnet werden. In dieser ersten Stufe der Modellerstellung sind weitere Zeitwerte für Prozeßabschnitte zu
bestimmen (Rüstzeiten, Handhabungszeiten, Transportzeiten,
Auf-und Abspannzeiten usw.). Außerdem sind Gesetze und Regeln,
nach denen der Fertigungsprozeß abzulaufen hat, anzugeben.
Nach / 12 / ist die Ermittlung der Struktur eines Prozesses
und der Wirkungszusammenhänge zwischen seinen Zustandsgrößen
die Prozeßerkennung. Sie kann entweder analytisch oder empi-
risch erfolgen, wobei die analytische Prozeßerkennung bekannte
Naturgesetze verwendet und die empirische Erfahrungen aus Be-
obachtungen und Messungen berücksichtigt (Bild 4.1). Für die
Modellerstellung sind beide Arten notwendig. Bedeutender ist
jedoch die analytische Prozeßerkennung, weil zum Zeitpunkt der
Modellerstellung das flexible Fertigungssystem noch nicht

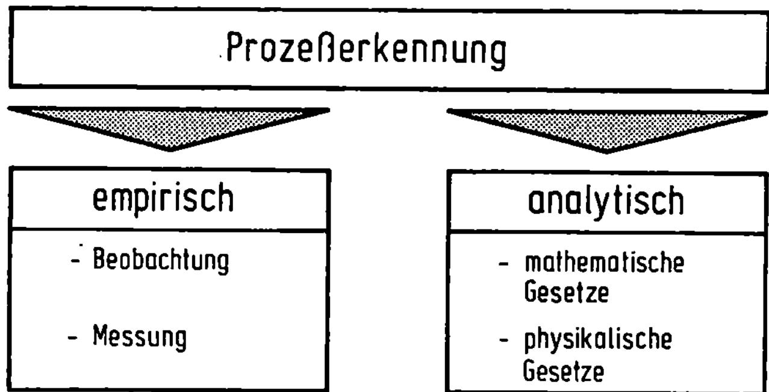

Bild 4.1 : Arten der Prozeßerkennung.

vollständig oder teilweise aufgebaut ist und deshalb auch keine Messungen vorgenommen werden können.

Als zweite Stufe folgt die Beschreibung der Prozesse für das zu erstellende Modell, die als Grundlage für die Programmierung des Modells dient. Erst in der dritten Stufe wird die Prozeßbeschreibung in ein Programm umgesetzt. Das dadurch entstandene Programm ist das Simulationsmodell, mit dem experimentiert wird. Grundsätzlich sind zwei verschiedene Arten von Simulationsmodellen denkbar. Die erste Art ist das parametrisierte Simulationsmodell. In diesem Modell sind Strukturen flexibler Fertigungssysteme und die alternativen Fertigungsabläufe in einem vorgefertigten Programm abgebildet. Durch Eingabeparameter wird beschrieben, welche Struktur eines flexiblen Fertigungssystemes zu simulieren ist und in welcher Weise die Prozesse darin stattfinden.

Die zweite Art eines Simulationsmodells ist das individuell zu erstellende Modell. Im Gegensatz zu der ersten Art eines Simulationsmodells werden Prozesse nicht durch Eingabeparameter beschrieben, sondern es wird für jede Prozeßbeschreibung ein völlig neues Modell erstellt.

Eine individuelle Simulation von Prozessen in flexiblen Fertigungssystemen, wie sie die Aufgabenstellung fordert, läßt sich zweifelsohne nur mit der zweiten Art der Simulationsmodelle verwirklichen. Es ist sehr aufwendig, die Abbildung häufiger Varianten solcher Prozesse in einem einzigen parametrisierten Modell unterzubringen. In den nachfolgenden Kapiteln beziehen sich die Ausführungen aus diesem Grunde nur noch auf das individuell zu erstellende Modell.

4.1 Simulationsgerechte Prozeßbeschreibung.

Für eine einfache Modellbildung ist ein Hilfsmittel, welches
das Modell anschaulich wiedergibt, die Modellbildung erleichtert und sich zur Dokumentation des Modelles eignet, notwendig. Das Hilfsmittel muß die Struktur eines Prozesses, sowie
die Wirkungszusammenhänge zwischen seinen Zustandsgrößen aufzeigen. Unter "Prozeßstruktur" sei das Aufbauprinzip eines
Prozesses verstanden. Als kleinste Einheit eines Prozesses ist
der Prozeßabschnitt zu verstehen, der entweder ein einzelner
Transport, eine einzelne Umformung oder ein Teil einer beliebigen Bewegung sein kann. Innerhalb dieses Prozeßabschnittes
ändert sich der Zustand eines Systemelementes. Eine Zusammenfassung mehrerer Prozeßabschnitte soll als Teilprozeß bezeichnet werden. Der gesamte zu beschreibende Prozeß (Gesamtprozeß)
baut sich meist aus mehreren Teilprozessen auf (Bild 4.2).

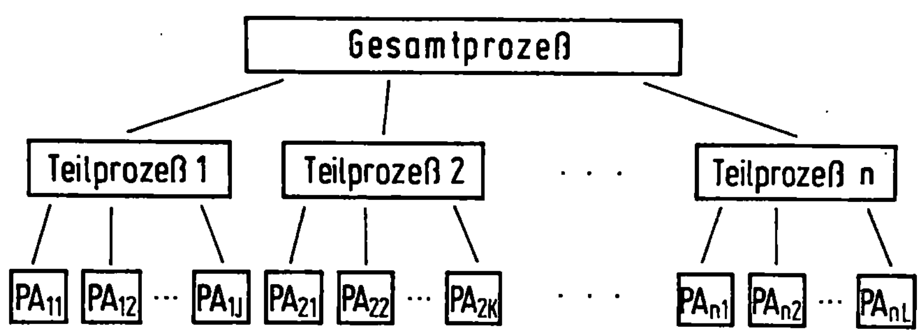

Bild 4.2 : Aufbau von Prozessen.

Solange mindestens noch eine Zustandsänderung ansteht, wird
der Prozeß als tätig bezeichnet. Ist keine Zustandsänderung
mehr zu erwarten, dann steht der Prozeß still. Eine einzelne
Zustandsänderung ist durch Art und Dauer gekennzeichnet. Beispielsweise ändert sich der Zustand eines Fahrzeugs von dem
Ausgangszustand "Fahrzeug ist unbeladen" in einen weiteren Zustand "Fahrzeug ist beladen" nachdem die Zeitspanne zum Beladen des Fahrzeuges vergangen ist und der Beladevorgang einge-
leitet wurde.

In einer Prozeßbeschreibung ist anzugeben, wie sich ein Prozeß oder Teilprozeß aus Prozeßabschnitten und Teilprozessen
aufbaut und welche Regeln für den Stillstand oder die Tätigkeit eines Prozesses gelten. Desgleichen sind Prozeßregeln anzugeben, wie der nachfolgende Prozeßabschnitt auszuwählen ist,
wenn es nach einem Prozeßabschnitt mehrere Alternativen des
weiteren Verlaufs des Prozesses gibt. Es sind somit nicht allein die physikalischen Gegebenheiten darzustellen, sondern es
ist vielmehr auch die Prozeßsteuerung zu beschreiben, in welcher logische, arithmetische, Informationen verarbeitende und
speichernde Elemente anzutreffen sind. Eine Prozeßbeschreibung
muß alle genannten Prozeßeigenschaften wiedergeben. Sie sollte
insbesondere den Vorgang der Modellbildung vereinfachen und
unterstützen.

4.1.1 Hilfsmittel zur Modellbildung bei häufig eingesetzten Simulationssprachen und -systemen.

Die meisten Simulationssprachen bzw.-systeme besitzen keine
ausgeprägten Hilfsmittel zur Modellbildung. Zugehörige Anlei-
tungen beschränken sich darauf zu zeigen, wie das Simulationsprogramm zu schreiben ist und geben nicht an, wie man vom Pro-
blem zum Modell gelangt. Daß zur Modellbildung eine Program-
mieranleitung unzureichend ist, wurde von den Entwicklern einiger jüngerer Simulationssprachen und -systeme erkannt.

Q-GERT / 25 / verwendet einen Graphen / 41 /, bei dem die Kanten den Weg und die Knoten Ziel- und Entscheidungspunkte für die Bewegungen von Transaktionen sind. Unter Transaktion wird in der Simulationstechnik im allgemeinen ein gedachtes mobiles Modellelement verstanden, das sich durch das Simulationsmodell bewegt / 7 /. In dieser Denkweise besteht das Modell aus ortsfesten Elementen (Stationen) und Transaktionen. Ein Knoten ist bei Q-GERT zudem noch Warteschlange, Verzweigung, Blockierstelle, Verzögerungselement oder Markierung für statistische Erhebungen. SLAM / 30 / ist eine Weiterentwicklung von Q-GERT und verwendet im wesentlichen auch ähnliche Graphenelemente.

Einen Graphen, bestehend aus Blöcken mit einer funktionsorientierten geometrischen Form, benutzt SIMAN / 42 /. Die Blöcke enthalten Text, mit dem die Funktion des Modellelementes näher erläutert wird.

SIMULAP / 30 / kennt einen Graphen, der als Modellgraph bezeichnet wird. Er baut sich aus den Grundelementen Verbindungsstelle (Konnektor), Anlage, Modellgrenzpunkt und Steuerpunkt auf. Der Schwerpunkt dieses Simulationssystems liegt auf der einfachen Darstellung von Materialflußprozessen, weshalb der Modellgraph auf diese geringe Anzahl von Elementen beschränkt wurde.

Noch weniger Abstraktionsvermögen erfordert die Modellbildung bei INSIMAS / 21 /. Im Dialog mit dem Rechner können graphische Beschreibungselemente, welche das Simulationssystem anbietet, am Bildschirm zusammengefügt werden. Bei den Beschreibungselementen handelt es sich um vereinfachte Darstellungen häufig vorkommender Materialflußkomponenten (Streckenabschnitte, Weichen, Bedienstationen usw.).

Sicherlich unterstützen graphische Darstellungen, bei denen die Abbildung das reale Aussehen der Anlage ähnlich wiedergibt, die Anschaulichkeit des Modells. Die geometrische Form

einer Anlage spiegelt nicht unbedingt die darin ablaufenden
Prozesse wieder. Gleichfalls gilt, daß stark abstrahierende
oder vereinfachende Graphen Prozeßdetails nicht angeben können. Formulierungen aus der Warteschlangentheorie / 5 / sind
für die deterministisch ablaufende Simulation, wie sie die
präzise Nachbildung von Prozessen erfordert, nicht geeignet
(verwendet von SLAM, Q-GERT und SIMAN). Unter den bisher an-
gebotenen Hilfsmitteln eignet sich keines zur detaillierten
Prozeßbeschreibung für die individuelle problemspezifische
Simulation flexibler Fertigungssysteme.

4.1.2 Mögliche Hilfsmittel für eine simulationsgerechte Prozeßbeschreibung und ihre Eignung

Eine Reihe von Hilfsmitteln für eine simulationsgerechte Prozeßbeschreibung kann prinzipiell für die Modellbeschreibung
eingesetzt werden (Bild 4.3). Prozesse können beliebig detailliert verbal beschrieben werden. Nachteilig ist der große Aufwand, eine fehlende einheitliche Darstellung und die schlechte
Wiedergabe der Struktur von Prozessen. Eine verbale Beschreibung ist als unmittelbare Programmiervorlage nicht geeignet.

Die mathematisch-formale Beschreibung besitzt zwar den Vorteil
des strengen, gesetzmäßigen Aufbaus, verfügt aber über zu wenige Elemente, um Prozesse allgemeiner Art damit beschreiben
zu können. Beispielsweise ist in einer Formel schwierig zu
zeigen, daß nach der Bearbeitung ein Werkstück in einer Maschine warten muß, bis es vom Transportsystem abgeholt wird.
Eine mathematisch-formale Beschreibung ist jedoch zweifellos
eine geeignete Programmiervorlage.

Als Programmiergrundlage sind die Symbole nach DIN 66001 / 42 /
am weitesten verbreitet. Neben diesem Programmablaufplan gewinnt das Struktogramm oder auch Nassi-Shneidermann-Diagramm
/ 43 / zunehmend an Bedeutung, da es die strukturierte Programmierung unterstützt. Beide Hilfsmittel sind für die Pro-

verbale Beschreibung	
mathematische Beschreibung	$A = f(x_1, x_2, x_3)$
Programmablaufplan	
Struktogramm	
Allgemeiner Zustandsgraph	z_1 z_2
Petri-Netz	
Auswertungsnetze	
Signalflußplan	F(x)
Sinnbilder für Zubringefunktionen	

Bild 4.3 : Mögliche Hilfsmittel für eine simulationsgerechte Prozeßbeschreibung.

grammerstellung geeignete Vorlagen. Sie genügen den Anforderungen an ein Hilfsmittel zur simulationsgerechten und einfachen Prozeßbeschreibung nicht, weil sie vorwiegend die Programmstruktur wiedergeben, welche mit der Prozeßstruktur nicht übereinstimmt.

Immer häufiger wird in der Steuerungstechnik der Zustandsgraph beim Entwurf von Steuerungen angewendet / 39 /. Er besteht aus zwei Grundelementen:

- Knoten (als Kreise dargestellt), die Zustände bezeichnen;
- Kanten (als Pfeile dargestellt), die Zustandsänderungen und Bedingungen für Zustandsänderungen angeben.

Der Zustandsgraph hebt die Zeitdauer einer Zustandsänderung, die wesentlicher Bestandteil eines Prozeßabschnittes ist,

durch seine Elemente nicht hervor. Gleichfalls unterstützen
die beiden Grundelemente nicht die Darstellung von nebenläu-
figen Prozessen. Nebenläufige Prozesse sind solche Prozesse,
die zwar zu einem beliebigen Zeitpunkt gleichzeitig aktiv sind,
jedoch nicht gleichzeitig ablaufen. Um auch diese Art von Prozessen graphisch darstellen zu können, wird der allgemeine Zustandsgraph um Elemente erweitert, mit denen die Wechselwir-
kungen zwischen Prozessen wiedergegeben werden.

Die bekanntesten Vertreter erweiterter Zustandsgraphen sind
Petri-Netze / 44 /, die sich aus den Symbolen
- Knoten (wie beim Zustandsgraphen ein Kreis,
    der einen Zustand kennzeichnet),
- Übergang oder auch Transition genannt:
    das Ereignis eines Überganges von einem Zu-
    stand in einen nachfolgenden (dargestellt
    als Querstrich durch eine Kante des Graphen),
- Kante (Pfeil, wie beim allgemeinen Zustands-
    graphen)
zusammensetzen.

Auf den Petri-Netzen bauen sich die Auswertungsnetze / 45 /
auf. Mit ihnen kann ein Graph erstellt werden, der aus Stellen, Entscheidungsstellen und Übergängen besteht. Stellen
sind Elemente des Graphen, welche Markierungen zur Kennzeichnung ihres Zustandes (Kerne) aufnehmen können. Ein Übergang
ist ein Tripel von Übergangsschema, Übergangszeit und Über-
gangsprozedur, das eine Zustandsänderung beschreibt. Vor und
nach einem Übergang befindet sich mindestens eine Stelle. Eine
Entscheidungsstelle dient zur Einleitung eines Überganges nach
logischen Gesichtspunkten. Zwar ist bei den Auswertungsnetzen
im Gegensatz zu den Petri-Netzen die Zeitdauer für Zustandsänderungen darstellbar, jedoch können arithmetische und logische Operationen der Prozeßrechenelemente (z.Bsp. das Durchsuchen einer Datenmenge nach einer Werkstücknummer) nicht angegeben werden,

Der Signalflußplan ist nach / 10 / eine sinnbildliche Darstellung der wirkungsmäßigen Zusammenhänge zwischen den Signalen
eines Systems oder einer Anzahl von aufeinander einwirkenden
Systemen. Die wirkungsmäßige Abhängigkeit des Ausgangssignals
vom Eingangssignal wird in einem Block (Rechteck) dargestellt.
Eine Linie mit Pfeilen gibt an, ob ein Signal ein Eingangs-
oder ein Ausgangssignal ist. Unter dem Begriff "Signal" versteht man die Darstellung von Information. Zwar wird der Prozeß aufgrund von Prozeßdaten, die nichts anderes als Signale
sind, gesteuert, jedoch ist eine Beschreibung der Zusammenhänge zwischen Signalen eines Systemes nicht unbedingt eine
Beschreibung der darin ablaufenden Prozesse. Aus diesem Grunde
ist der Signalflußplan zur Prozeßbeschreibung ungeeignet.

Das Gegenteil wird mit den Sinnbildern für Zubringefunktionen
nach / 46 / bezweckt. Sie beschreiben zwar Prozesse, unter-

Bewertungskriterium / Hilfsmittel	Wiedergabe der Prozeßstruktur	Wiedergabe der Programmstruktur	Geringer Darstellungsaufwand	Eignung als Programmiervorlage
verbale Beschreibung	◔	◔	◔	○
mathematische Formeln	◔	◑	●	●
Graphen	●	●	◑	●

○   erfüllt die Anforderungen des Kriteriums nicht
◔   erfüllt die Anforderungen des Kriteriums teilweise
◑   erfüllt die Anforderungen des Kriteriums zufriedenstellend
●   erfüllt alle Anforderungen des Kriteriums

Bild 4.4 : Eignung von Hilfsmitteln zur simulationsgerechten
Prozeßbeschreibung.

stützen aber nicht die Erstellung von Programmen. Außerdem
ist die Abstufung der dargestellten Funktionen für die simulationsgerechte Prozeßbeschreibung viel zu grob.

Keines dieser Hilfsmittel genügt vollständig den Anforderungen
einer simulationsgerechten Prozeßbeschreibung. Aus diesem
Grunde muß ein neuartiges Hilfsmittel für eine simulationsgerechte Prozeßbeschreibung entwickelt werden. Wie der Vergleich
in Bild 4.4 zeigt, erweisen sich graphische Hilfsmittel als
die geeignetsten. Es soll deshalb ein graphisches Hilfsmittel
entwickelt werden, das möglichst allen gestellten Anforderungen gerecht wird.

Form \ Ausführung	linienbetont		flächenbetont	
	gleichartig	verschiedenartig	gleichartig	verschiedenartig
einfache geometrische Grundform				
aus einfachen geometrischen Grundformen zusammengesetzte Formen				
beliebige geometrische Formen				

Bild 4.5 : Möglichkeiten für graphische Elemente eines Simulationsgraphen.

4.2 Prozeßbeschreibung mit dem Simulationsgraphen.

In Anlehnung an die Begriffe aus der Graphentheorie, soll ein
Simulationsgraph im wesentlichen ein Gebilde aus Knoten und
Kanten / 41 / sein. Zum einen müssen geeignete Elemente für
den Simulationsgraphen gefunden und zum anderen fundamentale
Prozeßbeschreibungselemente bestimmt werden. Die Elemente des
Simulationsgraphen müssen sich auf die fundamentalen Prozeßbeschreibungselemente beziehen. Eine Zuordnung zwischen fundamentalen Prozeßbeschreibungselementen und Knoten ist sinnvoll,
weil dann durch die Verbindungen der Knoten (Kanten, welche
durch Pfeile dargestellt sind), der Verlauf des Prozesses aus-
gedrückt werden kann. Es ist üblich, der Kante eines Graphen
eine Übergangsbedingung zuzuordnen.

4.2.1 Graphische Grundelemente eines Simulationsgraphen.

Durch den Prozeßverlauf ist eine Übergangsbedingung sehr einfach zu definieren: Erst nachdem die Funktion eines Grundele-
ments abgeschlossen ist, beginnt das nächste Grundelement zu
wirken. Im Graphen ist diese Bedingung als Kante, die im Bild
als Pfeil zwischen zwei Symbolen gezogen ist, dargestellt. Dabei ist einem Grundelement ein Teilbild (Symbol) zugeordnet.
Es gibt verschiedene Möglichkeiten, diese Teilbilder zu gestalten. In Bild 4.5 sind diese verschiedenen Möglichkeiten aufgeführt.

In Form einer Bewertungsmatrix werden die möglichen graphischen
Elemente hinsichtlich ihrer Eignung als Elemente eines Simulationsgraphen miteinander verglichen (Bild 4.6). Es zeigt sich,
daß einfache geometrische Formen besonders vorteilhaft sind.
Unter den einfachen geometrischen Formen sind die linienbeton-
ten mit weniger Aufwand darstellbar als flächenbetonte, so daß
für einen Simulationsgraphen linienbetonte einfache geometrische Formen die geeignetsten Elemente sind.

-33-

graphisches Element / Bewertungskriterium		erlernbar	übersichtlich	systematisch	eindeutig	den Prozeß dokumentierend	maschinell erstellbar
linienbetont	einfache geometrische Grundform — g	+ +	-	-	-	+ +	+ +
	einfache geometrische Grundform — v	+ +	+ +	+ +	+ +	+ +	+ +
	zusammengesetzte Form — g	+	-	-	-	+	+
	zusammengesetzte Form — v	+	+ +	+ +	+ +	+	+
	beliebige geometrische Form — g	-	-	-	-	-	- -
	beliebige geometrische Form — v	-	+ +	+ +	+ +	-	- -
flächenbetont	einfache geometrische Grundform — g	+ +	-	-	-	+	+
	einfache geometrische Grundform — v	+ +	+ +	+ +	+ +	+	+
	zusammengesetzte Form — g	+	-	-	-	-	-
	zusammengesetzte Form — v	+	+ +	+ +	+ +	-	-
	beliebige geometrische Form — g	-	-	-	-	- -	- -
	beliebige geometrische Form — v	-	+ +	+ +	+ +	- -	- -

+ + : sehr gut   - : weniger gut

+ : gut   - - : unzureichend

g : gleichartig   v : verschiedenartig

Bild 4.6 : Bewertung möglicher Darstellungsformen für graphische Grundelemente eines Simulationsgraphen.

4.2.2 Fundamentale Prozeßbeschreibungselemente.

Der Prozeßabschnitt als Grundelement des Prozesses kann durch das Tripel

$$A_{t,i} = (Z_t, \Delta t_t, Z_{t+\Delta t_t})_i \tag{4.1}$$

$A_{t,i}$: Prozeßabschnitt, beginnend zum Zeitpunkt t und erklärt für das Systemelement i

Z_t : Zustand des Systemelements i zum Zeitpunkt t

$Z_{t+\Delta t_t}$: Zustand des Systemelements i zum Zeitpunkt $t+\Delta t_t$

Δt_t : Zeitdauer der Zustandsänderung

bezogen auf ein Systemelement i für einen Zeitpunkt t diskret angegeben werden. Er ist dadurch vollständig beschrieben.

Da sich der Zustand eines Systemelements zu einem späteren Zeitpunkt t_1 ändert, läßt sich für diesen Zeitpunkt die Zustandsänderung wieder als ein Prozeßabschnitt definieren:

$$A_{t_1,i} = (Z_{t_1}, \Delta t_{t_1}, Z_{t_1 + \Delta t_{t_1}})_i \tag{4.2}$$

Für weitere Zustandsänderungen gilt:

$$A_{t_2,i} = (Z_{t_2}, \Delta t_{t_2}, Z_{t_2 + \Delta t_{t_2}})_i \quad ; \quad Z_{t_2} = Z_{t_1 + \Delta t_{t_1}}$$

$$A_{t_3,i} = (Z_{t_3}, \Delta t_{t_3}, Z_{t_3 + \Delta t_{t_3}})_i \quad ; \quad Z_{t_3} = Z_{t_2 + \Delta t_{t_2}} \tag{4.3}$$

$$\vdots$$

$$A_{t_n,i} = (Z_{t_n}, \Delta t_{t_n}, Z_{t_n + \Delta t_{t_n}})_i \quad ; \quad Z_{t_n} = Z_{t_{n-1} + \Delta t_{t_{n-1}}}$$

Die Folge wird solange fortgesetzt, bis der Zeitpunkt der nächstfolgenden Zustandsänderung größer als ein vorgegebener Zeitpunkt t_{max} ist. Somit erfährt das Systemelement innerhalb des Zeitintervalles $[0, t_{max}]$ insgesamt n Zustandsänderungen.

Die Teilprozesse und der Gesamtprozeß können als eine Folge von Prozeßabschnitten beschrieben werden. Es ist ohne weiteres möglich, daß mehrere Prozeßabschnitte gleichzeitig beginnen. Beispielsweise erfahren die Systemelemente "Palettenwechsler" und "Bearbeitungsmaschine" zum selben Zeitpunkt eine Zustandsänderung, wenn der Palettenwechsler an die Maschine ein Werkstück übergibt.

Die Prozeßsteuerung greift nach drei verschiedenen Grundfunktionen in den Prozeß ein:

- anhalten eines tätigen Prozesses;
- aktivieren eines stillstehenden Prozesses;
- Auswahl von nachfolgenden Teilprozessen, wenn sich für einen tätigen Prozeß nach einem Prozeß-

abschnitt mehrere Möglichkeiten des weiteren
Verlaufes gegeben sind.

Teilprozesse können in steuerbare und unbeeinflußbare eingeteilt werden. In steuerbaren Teilprozessen wirkt die Prozeßsteuerung. Unbeeinflußbare Teilprozesse laufen eigenständig
und ohne Einwirkung einer Prozeßsteuerung ab. Sie können als
eine Folge von Prozeßabschnitten angegeben werden:

$$\Pi_i{}_U\Big|_{t_1}^{t_m} = A_{t_1,j_1}, A_{t_2,j_2}, \cdots, A_{t_m,j_m} \qquad (4.4)$$
$$t_1 \leq t_2 \leq \cdots \leq t_m; \quad j_1, j_2, \cdots, j_m \in N^+$$

$\Pi_i{}_U\Big|_{t_1}^{t_m}$: Beschreibung eines unbeeinflußbaren Teilprozesses mit der Bezeichnung i im Zeit-
intervall $[t_1, t_m]$.

$j_1 \cdots j_m$: Nummern der Systemelemente
Die Stellen, an denen die Prozeßsteuerung in den Prozeß ein-
greift, sollen Wirkstellen der Prozeßsteuerung, im folgenden
kurz nur Wirkstellen, genannt werden. An diesen Stellen wirkt
die Prozeßsteuerung derart, daß der Prozeß angehalten, aktiviert oder aus einer Menge von alternativen nachfolgenden
Teilprozessen ein einziger ausgewählt wird. In einer Beschreibung des Prozesses muß die Wirkstelle im Prozeßverlauf mar-
kiert und die Art des Wirkens der Prozeßsteuerung angegeben
werden. Eine Vereinfachung der Beschreibung ergibt sich, wenn
ein Prozeß angehalten wird. Er kann zu einem späteren Zeitpunkt nur nach dieser Wirkstelle wieder aktiviert werden. Somit ist Anhalten und Aktivieren eines Prozesses in der Beschreibung gekoppelt. Beide Grundfunktionen können deswegen
mit einem einzigen Beschreibungselement erfaßt werden. Daraus
ergeben sich zwei weitere fundamentale Beschreibungselemente:

- B_i : Mögliches Anhalten und späteres Aktivieren
eines Prozesses. Die Wirkstelle besitzt die
Bezeichnung i. Durch die Prozeßsteuerung wird
entschieden, ob der Prozeß angehalten wird
oder nicht;

- $W_i\,(p_1, p_2, \ldots, p_n)$:

        Ein Teilprozeß verzweigt an dieser Stelle in
n alternativ folgende steuerbare oder unbeeinflußbare Teilprozesse $p_1, p_2, \ldots, p_n$.
Die Wirkstelle besitzt die Bezeichnung i.
Durch die Prozeßsteuerung wird entschieden,
welcher der zur Auswahl stehenden alternativen
Teilprozesse zukünftig stattfinden soll.

Damit kann ein steuerbarer Teilprozeß durch eine Folge

$$\Pi_{S^i}\Big|_{t_1}^{t_m} = \Pi_{U^j}\Big|_{t_1}^{t_k} \wedge \left(B_r \vee W_s(p_1,\ p_2,\ \ldots,\ p_n) \right) \tag{4.5}$$

$$i,j,k,m,r,s,n \in \mathbf{N}^+$$

beschrieben werden.

Die Beschreibung des Gesamtprozesses ist die Menge der Be-
schreibungen aller unbeeinflußbaren und steuerbaren Teilprozesse:

$$\Pi\Big|_{t_1}^{t_m} = \Big\{ \Pi_{U^1}\Big|_{t_{p_1}}^{t_{q_1}},\ \Pi_{U^2}\Big|_{t_{p_2}}^{t_{q_2}},\ \ldots,\ \Pi_{U^j}\Big|_{t_{p_j}}^{t_{q_j}}, \tag{4.6}$$

$$\Pi_{S^1}\Big|_{t_{r_1}}^{t_{s_1}},\ \Pi_{S^2}\Big|_{t_{r_2}}^{t_{2_2}},\ \ldots\ \Pi_{S^k}\Big|_{t_{r_k}}^{t_{s_k}} \Big\}$$

$$\left[t_{p_u},\ t_{q_u}\right]\quad \left[t_1,\ t_m\right]; u = 1,2,\ \ldots,\ j$$

$$\left[t_{r_v},\ t_{s_v}\right]\quad \left[t_1,\ t_m\right]; v = 1,2,\ \ldots,\ k$$

Mit der Beschreibung des Verlaufs eines Prozesses mit allen
seinen Varianten und der Wirkstellen der Prozeßsteuerung ist
ein Prozeß nicht vollständig erklärt. Es müssen Regeln angegeben werden, nach denen der Prozeß gesteuert wird.

4.2.3 Beschreibung der Prozeßsteuerung.

In der Funktions- und Programmsteuerung werden die Zustände
von Funktionseinheiten / 39 / des flexiblen Fertigungssystems
zur Steuerung der Anlage verknüpft. Diese Verknüpfungen können im Simulationsmodell nur durch Algorithmen dargestellt
werden. Zustände von Funktionseinheiten werden als Daten abgebildet. Anstelle der Zustände werden die Daten entsprechend
der dargestellten Steuerfunktion verknüpft. Auf diese Weise
wird eine Information erzeugt, die im Simulationsmodell an einer Wirkstelle den Prozeßverlauf beeinflußt.

Bezüglich der Wirkstellen, die im vorausgegangenen Abschnitt
definiert wurden, gibt es drei wirkstellenbezogene und grund-
legende Steuerungsfunktionen:

- E_i : den Prozeß an der Wirkstelle i anhalten
  oder nicht anhalten,
- M_i : einen ruhenden Prozeß an der Wirkstelle i
  aktivieren,
- S_i : an einer Wirkstelle i aus sich alternativ
  anbietenden Teilprozessen den nachfolgenden
  auswählen.

Mit den Wirkstellen allein ist der Prozeßverlauf noch nicht
bestimmt. Zusätzlich muß noch angegeben werden, wie eine abgebildete oder eine reale Prozeßsteuerung diese Wirkstellen beeinflußt. Dazu werden wirkstellenbezogen Algorithmen definiert, die Bestandteil des Simulationsmodells und/oder der abgebildeten oder realen Prozeßsteuerung sind. Ein Algorithmus
sei in diesem Zusammenhang formal als

- ALG_{ij}: Algorithmus bezogen auf die Steuerfunktion j
  an der Wirkstelle i

definiert. Die im Simulationsmodell abgebildete Prozeßsteuerung ist somit eine Menge C:

$$C = \left\{ ALG_{ij}, E_k, M_m, S_n \right\} \qquad\qquad (4.7)$$

$$i,j,k,m,n,n_w \in \mathbf{N}^+; \quad 1 \le j \le n_w; \quad 1 \le k \le n_w$$

$$1 \le m \le n_w; \quad 1 \le n \le n_w$$

n_w : Anzahl der Wirkstellen im Prozeß

Für ein Simulationssystem bedeutet dies, daß es Elemente besitzen muß, welche die in diesem Kapitel hergeleiteten fundamentalen Prozeßbeschreibungselemente verkörpern. Mit diesen fundamentalen Prozeßbeschreibungselementen können somit beliebige Prozesse abgebildet werden.

4.2.4 Definition der Grundelemente eines Simulationsgraphen.

Was formal durch Prozeßbeschreibungselemente anzugeben ist, läßt sich auch im Graph wiedergeben. Die Darstellung ist dann eindeutig, wenn jedem fundamentalen Prozeßbeschreibungselement eine unterschiedliche graphische Beschreibungsform zugeordnet wird. Die Zuordnung eines spezifischen Bildteiles zu einem fundamentalen Prozeßbeschreibungselement führt zu einem eindeutig abbildenden Simulationsgraphen. Im folgenden sollen die spezifischen Bildteile eines Simulationsgraphen kurz Simulationssymbole genannt werden.

Simulationssymbole sind nicht genormt, weshalb sie frei ausgewählt werden können. Sie sollten leicht erlernbar sein und sich als direkte Vorlage zur Programmeingabe eignen. Die Programmeingabe muß rechnergestützt durchgeführt werden können. Aus diesem Grunde sind die Formen der Symbole so zu wählen, daß sie mit möglichst vielen Peripheriegeräten von Rechenanlagen wiedergegeben werden können. Die häufigsten Peripheriegeräte sind Bildschirmterminals und Drucker, die meist außer den üblichen Schriftzeichen / 47 / noch einfache graphische Grundelemente als Sonderzeichen ausgeben. Mit solchen Zeichen lassen sich einfache Graphikelemente (Kreis, Rechteck, Sechseck, Dreieck) aufbauen. Für diese Art der Graphik wird oft der Begriff "Blockgraphik" verwendet.

Erstellung geom. Element	manuell	maschinell		
		Schrift-zeichen	Block-graphik	Voll-graphik
Linie	●	●	●	●
Rechteck	●	◕	●	●
Dreieck	●	○	◕	●
Sechseck	●	○	◕	●
beliebiges Vieleck	●	○	○	●
Kreis	●	○	◕	●
Ellipse	◕	○	○	◕
beliebige Kontur	◑	○	○	◑

Legende:
- ● einfach möglich
- ◕ möglich, mit etwas Aufwand
- ◑ möglich, aber aufwendig
- ○ nicht möglich

Bild 4.7 : Bewertung geometrischer Grundformen zur Darstellung von Simulationssymbolen.

Beliebige graphische Formen für Symbole lassen sich mit Peripheriegeräten erreichen, die als "Vollgraphikgeräte" bezeichnet werden. Sie sind jedoch wesentlich teurer und deshalb nicht so häufig anzutreffen als Blockgraphikgeräte. Eine Aufstellung von geometrischen Grundformen und die Bewertung ihrer Darstellungsmöglichkeiten zeigt Bild 4.7.

Linie, Rechteck, Dreieck, Sechseck und Kreis sind als geometrische Grundelemente geeignet. Alle daraus aufbaubaren weiteren geometrischen Elemente sind ebenfalls leicht darzustellen. In dieser Arbeit werden Simulationssymbole nach Bild 4.8 eingeführt.

Funktion	Symbol
Zustandsdefinition	
Zeitdauer einer Zustandsänderung	
Wirkstelle für Anhalten eines Prozesses	
Wirkstelle für Auswahl von alternativen Nach-folgeprozessen	
Algorithmus	
Prozeßende	
Aktivieren eines still-stehenden Prozesses	

Bild 4.8 :
Eingeführte
Simulations-
symbole
(Teil 1).

Eine Besonderheit stellt die Wirkstelle für die Auswahl eines Teilprozesses dar. Das Symbol erlaubt nur die Verbindung zweier alternativer Teilprozesse. Durch Kaskadenbildung kann jedoch die Struktur eines Prozesses mit mehr als zwei alternativen Teilprozessen an einer Wirkstelle aufgezeigt werden (Bild 4.9).

Zusätzlich müssen Daten über Parameter des Beschreibungselementes angegeben werden. Beispielsweise sei die Zeitdauer einer Zustandsänderung angeführt. Das Symbol an sich besagt nur, daß an dieser Stelle des Prozeßablaufes eine Zeitspanne vergeht, bis die nächste Zustandsänderung der betrachteten Systemkomponente erfolgt. Wie lange diese Zeitspanne ist, wird durch das Symbol nicht beschrieben. Dem Symbol muß deshalb ein Zahlenwert zugeordnet werden, der die Zeitspanne bestimmt.

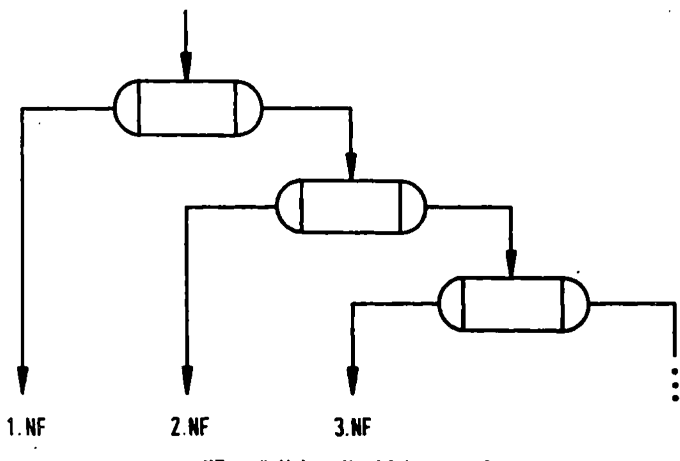

Bild 4.9 : Auswahl von mehr als zwei möglichen Alternativ-
          prozessen.

Erst dadurch ist der Vorgang eindeutig abgebildet. Eine detaillierte Beschreibung der Symbole ist in / 48 / zu finden.

4.2.5 Der Simulationsgraph als Vorlage zur Programmierung
      des Simulationsmodells.

Rechnerprogramme sind Anweisungsfolgen, die meist funktional
gegeneinander abgegrenzt sind. Alle Programmiersprachen er-
lauben eine segmentorientierte Programmierung. Strukturier-
elemente von Programmiersprachen sind Blöcke, Unterprogramme
und Funktionen, die in ein übergeordnetes Hauptprogramm eingebunden werden. Um Beginn und Ende von Segmenten und Hauptprogramm zu kennzeichnen, erhält der Simulationsgraph Symbole,
die Beginn und Ende eines Segmentes angeben. Ebenfalls ist im
Simulationsgraph zu vermerken, zu welchem Zeitpunkt eine Ausgabe von Daten an einem Peripheriegerät (Drucker, Bildschirm
usw.) erfolgt.

Funktion	Symbol
Modulanfang = Teilprozeßbeginn	
Modulende = Teilprozeßende	
Unterprogrammaufruf	
Stelle, an welcher die Simulation beginnt	
Protokoll und Ergebnis- auswahl	
Generieren der Simulation von Teil- prozessen	
Fortsetzung des Simu- lationsgraphen an an- derer Stelle	
Fortsetzung der Be- schreibung (Anfang)	

Bild 4.10 :
Eingeführte
Simulations-
symbole
(Teil 2).

Ein Prozeßbeginn ist in der Abbildung des Prozesses nicht unbedingt mit dem Programmbeginn gleichzusetzen. Deshalb muß der
Beginn eines Prozesses im Simulationsgraphen gekennzeichnet
werden. In der Simulationstechnik hat es sich als sehr nütz-
lich erwiesen, Teilprozesse periodisch beginnend abzubilden,
denn viele Fertigungsprozesse laufen in periodischen Wieder-
holungen ab. Die bedeutendsten Vertreter periodischer Fertigung sind die Transferstraßen, die Werkstücke in einem vorge-
gegebenen Takt fertigen. Allgemein wird ein solches Element in
einem Simulationssystem Generator genannt, und es ist sinnvoll, diesem Element im Simulationsgraphen ein eigenes Symbol
zuzuordnen.

Ein Programmsegment darf ein anderes aufrufen, weshalb der
Simulationsgraph auch diese Strukturierungsmöglichkeit bieten
muß. Genauso ist daran zu denken, daß bei der Modellerstellung
mit einem Papierformat gearbeitet wird, auf das der gesamte
Simulationsgraph nicht unterzubringen ist. Deshalb sind Ver-
bindungsstellen für die Fortsetzung auf einem weiteren Blatt
notwendig. Symbole, welche derartige Erfordernisse berücksichtigen, zeigt Bild 4.10. Die ausführliche Beschreibung aller
eingeführten Simulationssymbole ist / 48 / zu entnehmen.

5 Modelldarstellung.

Die Modelldarstellung ist diejenige Form, in der das Modell
einer Rechenanlage zur Ausführung mitgeteilt wird. Dazu muß
das Modell codiert werden.

5.1 Möglichkeiten der Modelldarstellung.

Insgesamt gibt es vier grundsätzliche Möglichkeiten der Modelldarstellung:

- Modelldarstellung in einer allgemein verwendeten
  Programmiersprache;
- Modelldarstellung in einer problemorientierten
  Programmiersprache;
- Modelldarstellung mit (alphanumerischen) Daten;
- interaktive Modelldarstellung mit graphischen
  Beschreibungselementen.

Bei der Modelldarstellung in einer allgemein verwendeten Programmiersprache wird das Modell mit den Anweisungselementen,
welche die Programmiersprache bietet, beschrieben. Da die allgemein verwendeten Programmiersprachen nicht für die Simulation von Prozessen geschaffen wurden, fehlen simulationsspezi-
fische Sprachelemente. Solche Sprachelemente können jedoch von
Funktionen und Unterprogrammen einer allgemein verwendeten höheren Programmiersprache ersetzt werden (z.B. wie in GPSS-F).

Problemspezifische Programmiersprachen (z.B. GPSS und SIMULA),
die speziell für die Simulation von Prozessen entwickelt wurden, bieten prozeßbezogene Sprachelemente. Meist umfassen sie
außerdem noch Teile des Sprachwortschatzes höherer Programmiersprachen, wie z.B. ALGOL oder FORTRAN. Sie können aus diesem Grunde auch für andersartige Aufgaben eingesetzt werden.

Die Modelldarstellung mit Datensätzen, die ein parametrisier-
tes Simulationsmodell verarbeitet / 49, 50 /, ist weit ver-

breitet. Das Modell wird durch alphanumerische Datensätze beschrieben, die von dem Simulationsprogramm interpretiert werden. Auf der Grundlage dieser Datensätze findet die vorprogrammierte Simulation statt. Mit Hilfe graphischer Eingabegeräte kann eine rechnergestützte Modellerstellung erfolgen. Zuerst wird die Modellstruktur durch Bildelemente festgelegt. Anschließend versorgt eine alphanumerische Eingabe das Modell mit Daten (z.B. Transportzeiten für einen Werkstücktransport). Für eine Simulation flexibler Fertigungssysteme, wie sie zukünftig gefordert wird, eignen sich die verschiedenen Methoden der Modelldarstellung unterschiedlich.

5.2 Bewertung der Möglichkeiten zur Modelldarstellung.

Die Eignung der Möglichkeiten zur Modelldarstellung kann durch eine Bewertung nach zu erfüllenden Anforderungen verglichen werden. Im Kapitel 3 wurden die verschiedenen Anforderungen an ein Simulationssystem erläutert. Diese dort aufgeführten Anforderungen gelten auch für die Modelldarstellung. Auf dieser Basis ist eine Nutzwertanalyse / 51 / durchgeführt worden (Bild 5.1).

Eine Modelldarstellung, mit der ein möglichst breites Spektrum flexibler Fertigungssysteme abgebildet werden kann und die weitgehend rechnerunabhängig ist, erhält eine hohe Bewertungszahl. Erlernbarkeit, Selbstdokumentation und Fehlererkenung unterstützen lediglich die Handhabung der Darstellung (z.B. Programmierkomfort). Sie erhalten deshalb eine vergleichsweise kleinere Wertigkeit, weil sie nicht die grundsätzliche Bedeutung wie die vorher genannten Anforderungen besitzen.

Die Bewertung zeigt, daß die Modelldarstellung mit Hilfe einer allgemein verwendeten höheren Programmiersprache am geeignetsten ist. Ausschlaggebend sind die erreichbare Flexibilität in der Darstellung und die Eigenschaft, sie auf vielen verschiedenen Rechenanlagen einzusetzen.

Modelldarstellung / Bewertungskriterium	Allgemeine höhere Programmiersprache	Problemorientierte höhere Programmiersprache	Datensätze	Interaktive graphische Darstellung
Abbildungs- möglichkeiten (max. 10 Punkte)	10	10	5	5
Rechneran- forderungen (max. 10 Punkte)	10	5	8	5
Darstellungs- aufwand (max. 8 Punkte)	4	6	6	8
Übertragbar- keit (max. 10 Punkte)	10	2	10	1
Erlernbarkeit (max. 5 Punkte)	3	3	4	5
Selbstdoku- mentation (max. 5 Punkte)	2	2	2	4
Fehler- diagnostik (max. 5 Punkte)	3	2	5	5
Summe	42	30	40	33

hohe Punktzahl ⟺ Darstellung ist geeignet

Bild 5.1 : Bewertung der Modell-darstellungsmöglichkeiten.

5.3 Simulation mit einer allgemeinen höheren Programmiersprache.

Allgemein bieten höhere Programmiersprachen die Möglichkeit, ein Programm in Segmente zu unterteilen. Auf diese Weise entstehen Blöcke, Funktionen (FUNCTIONs) und Unterprogramme (SUB-ROUTINEs, PROCEDUREs). Die Segmente tragen zu Übersichtlichkeit und damit auch zur Selbstdokumentation des Programms bei. Ordnet man einem Segment einen Namen zu, der die Aufgabe des Segmentes bezeichnet, so fördert dies die Lesbarkeit des Programmes. Die Anweisungen, die mit einer höheren Programmiersprache gemacht werden können, sind logische, mathematische und speicherverknüpfende Operationen. Sprachelemente zur Beschreibung von Prozessen besitzen nur die Simulationssprachen.

5.3.1 Modelldarstellungsprinzipien.

Die Modelldarstellung kann entweder kompilierend (ein Programm
wird von einer Programmiersprache in eine andere oder direkt
in den Befehlscode des Rechners übersetzt) oder interpretie-
rend (ein Programm oder eine Datenmenge wird von einem Programm gelesen, wobei jede Anweisung als Befehl decodiert und
sofort ausgeführt wird) in der Rechenanlage verarbeitet werden. Wenn das Simulationsprogramm in einer allgemein verwendeten Programmiersprache geschrieben ist oder auf einem in
einer solchen Programmiersprache erstellten Programm basiert,
lassen sich fünf Grundvarianten angeben (Bild 5.2).

Die Anforderungen an ein Simulationssystem wurden in Kapitel 3
bereits hergeleitet. Daraus ergeben sich hauptsächlich 7 verschiedene Bewertungskriterien, nach denen die einzelnen Mo-

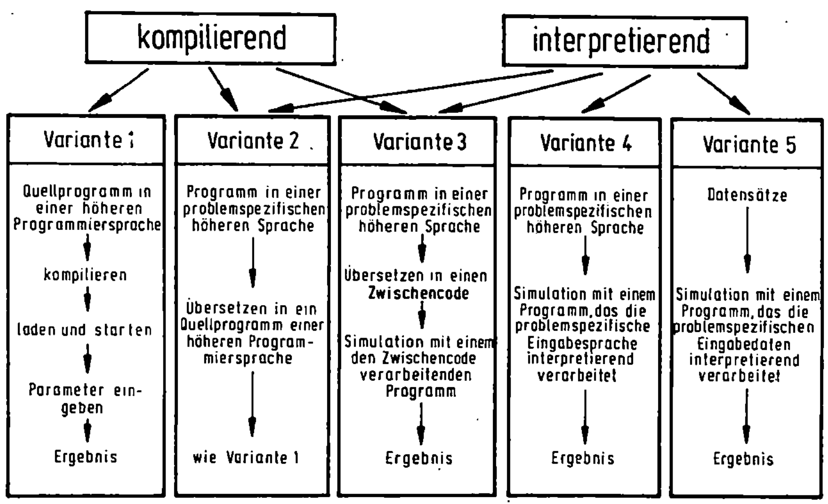

Bild 5.2 : Varianten der Modelldarstellung im Rechner, wenn
die Simulation mit Hilfe einer höheren Programmiersprache erfolgt.

delldarstellungsmöglichkeiten hinsichtlich ihrer Eignung beurteilt werden können. Da mit einer Modelldarstellung nicht allein der Prozeßverlauf, sondern auch die Prozeßsteuerung zu beschreiben ist, sollte sie sich zur Entwicklung von Steuerungsprogrammen gleichfalls eignen. Auch die Leistung der verwendeten Rechenanlagen ist zu berücksichtigen. Simulationsmodelle sollten auf einem Leitrechner der Steuerung des flexiblen Fertigungssystems ablaufen können. Da mit diesem Rechner vorwiegend übergeordnete Steuerungsfunktionen (z.B bestimmen der Reihenfolge, in der Werkstücke zu fertigen sind) durchgeführt werden, ist er in umfangreichen Systemen vorwiegend mit derartigen Aufgaben beschäftigt. Für eine Simulation als Planungshilfsmittel für das Bedienpersonal bleibt nur wenig seiner Kapazität übrig. In dieser Hinsicht sind der Speicherplatz- als auch der Rechenzeitbedarf für ein Simulationsprogramm wichtige Kriterien. Es muß gefordert werden, daß Simulationsprogramme schnell ablaufen und wenig Speicherplatz beanspruchen dürfen.

Modelldarstellung Bewertungskriterium	Variante 1	Variante 2	Variante 3	Variante 4	Variante 5
Prozeßabbildung (max. 10 Punkte)	10	10	10	10	8
Abbildung der Prozeßsteuerung (max. 10 Punkte)	10	8	8	8	5
Flexibilität (max. 10 Punkte)	10	5	5	5	5
geringer Speicherplatzbedarf (max. 5 Punkte)	3	2	5	2	1
kurze Rechenzeit (max. 10 Punkte)	10	8	5	5	3
Selbstdokumentation (max. 5 Punkte)	3	5	5	5	5
Programmierkomfort (max. 5 Punkte)	3	5	5	5	5
Gesamtpunktzahl	49	43	43	40	32

maximale Punktzahl bedeutet,daß die Anforderungen voll erfüllt werden

Bild 5.3 : Bewertung der Modelldarstellungsmöglichkeiten.

Allgemein wird die Dokumentation beim Programmieren erst nach
beendeter Programmiertätigkeit verfaßt. Eine Darstellungsweise, die sich selbst dokumentiert, verringert den abschließen-
den Dokumentationsaufwand. Die Ergebnisse einer Nutzwertanalyse, bei der die fünf Varianten verglichen werden, enthält
Bild 5.3.

Es zeigt sich eindeutig, daß Variante 1 zwar hinsichtlich Pro-
grammmierkomfort, geringerem Speicherplatzbedarf und Selbstdokumentation nicht die günstigsten Wertungen aufweist, sich
jedoch im Vergleich zu den anderen Möglichkeiten als beste
Darstellungsweise für die individuelle problemorientierte Simulation anbietet.

5.3.2 Höhere Programmiersprachen und ihre Eignung für Simulationsmodelle.

Die im technisch-naturwissenschaftlichen Bereich am häufigsten
eingesetzten höheren Programmiersprachen sind BASIC, FORTRAN
und PASCAL. BASIC / 52 / erfreut sich der weitesten Verbreitung / 53 / und hat sich vor allem dort durchgesetzt, wo vorwiegend kleinere Programme ausreichend sind. Für größere Programme ist es ungeeignet, weil die Variablennamen auf einen
Buchstaben und eine Zahl oder zwei Buchstaben beschränkt sind,
sowie die Zeilennummer des Programms in den Logikfluß des Programms eingebunden wird. Dies führt zu einer sehr schlechten
Selbstdokumentation des Programms und erschwert somit die Pro-
grammwartung. Im Laufe der Zeit steigen die Wartungskosten für
ein Programm dadurch stärker an als bei FORTRAN und PASCAL.

In der Regel werden größere Programme in FORTRAN geschrieben.
Am häufigsten ist FORTRAN IV / 54 / zu finden. FORTRAN 77
/ 55 / setzt sich wegen der Forderungen nach strukturierten
Programmen immer stärker durch. Diese FORTRAN-Version enthält
ähnliche Sprachelemente wie PASCAL. Daß PASCAL nicht so weit
verbreitet ist wie BASIC und FORTRAN, liegt vorwiegend an

der geschichtlichen Entwicklung. Dieser noch jungen Sprache
fehlt es an einer übergreifenden Normung, so daß Programme
übertragbar werden. Zwar ist der Sprachkern inzwischen genormt
/ 56 /, jedoch sind sehr viele Dialekte in Gebrauch. Selbst
der Kern der Sprache bietet jedoch mehr Datenstrukturierungs-
und -handhabungsmöglichkeiten als die beiden anderen Sprachen.

Im Simulationsmodell ist der Programmteil, welcher die Ereignisse im Modell steuert, der wichtigste. In der Regel wird eine Liste (Ereignisliste) verwendet, deren Elemente Ereignisdaten (Termine, Identifikationen usw.) sind, die innerhalb der
Liste in einer Warteschlange nach ihrem Fälligkeitszeitpunkt
geordnet sind. Ein Ereignis ist in dieser Liste eine Datenmenge, die aus einer konstanten Anzahl von Elementen zur Er-
eignissteuerung besteht. Es schließt sich eine variable Anzahl
von Elementen für ereignisspezifische Kenngrößen an. Mit den
Grundtypen für Datenstrukturen können verschiedene Strukturen
der Liste verwirklicht werden (Bild 5.4).

Ereignisse können in Ereignislisten besonders einfach gefunden
werden, wenn die Ereignisse in der Liste nach ihrem Fälligkeitszeitpunkt und ihrer Priorität geordnet sind. Im Verlauf
der Simulation müssen Ereignisse gelöscht oder neu in die Liste eingetragen werden. Dadurch ist es notwendig, bestehende
Listenelemente aus der Liste zu entfernen oder neue Listenelemente in die Liste nach Fälligkeitszeitpunkt und Priorität
einzuordnen. Zum Sortieren der Listenelemente sind verschiedene Sortieralgorithmen möglich, welche in / 57 / ausführlich
beschrieben werden. Jedoch eignen sich nicht alle in gleichem
Maße für die in Bild 5.4 aufgeführten Listenstrukturen (Bild
5.5).

Baumstrukturen sind für geordnete Ereignislisten ungeeignet,
weil die verschiedenen Sortierverfahren zum Sortieren der Listenelemente umständlich zu programmieren sind und durch den
Mehraufwand an Programmanweisungen die Ausführungszeit zum
Sortieren lang ist. Unter den verschiedenen linearen Listen

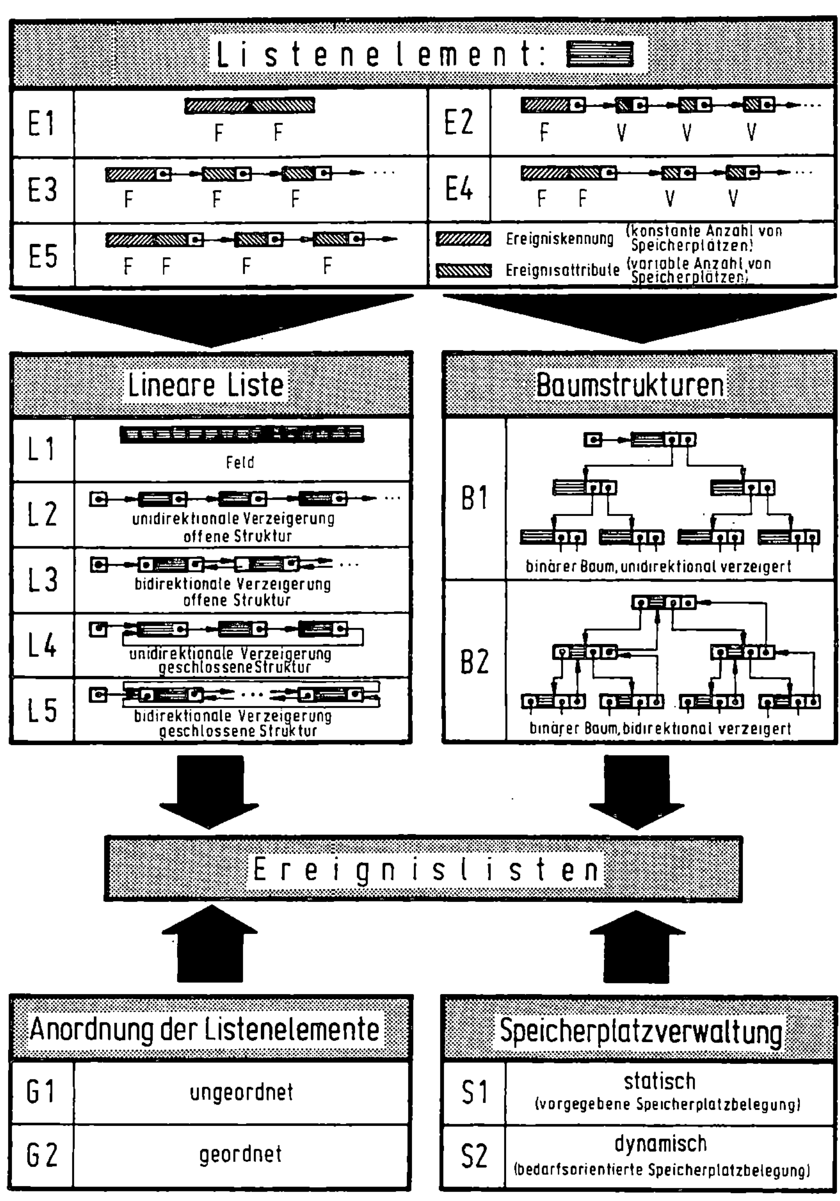

Bild 5.4 : Strukturen für die Ereignisliste.

Sortier-algorithmen \ Listenstruktur	(Listenbezeichnungen nach Bild 5.4)						
	L1	L2	L3	L4	L5	B1	B2
Direktes Einfügen	●	◐	◐	◐	◐	◔	◔
Binäres Einfügen	●	○	◐	○	◐	○	○
Bubblesort ")	●	○	◔	○	◔	○	○
Shakersort	●	○	◐	○	◐	◔	◔
Shellsort	●	◔	◔	◔	◔	◔	◔
Quicksort	●	◔	◔	◔	◔	◔	◔

Bild 5.5 : Verträglichkeit von Sortieralgorithmen und Listenstrukturen (Beschreibung der Sortieralgorithmen in / 58 /).

belegt die Listenstruktur L1 aus Bild 5.4 den geringsten Speicherplatz. Bei den übrigen Listen muß zusätzlich zu dem Speicherplatz für die Ereignisdaten noch Speicherplatz für Zeigervariable bereitgestellt werden. Zur Beurteilung der Eignung einer Listenstruktur darf jedoch nicht allein ihr Speicherplatzbedarf herangezogen werden. In gleichem Maße ist die Ausführungszeit für das Einspeichern und das Löschen eines Listenelementes zu beachten. Werden für lineare Listen Vektoren oder Matrizen verwendet, so müssen zum Sortieren ganze Vektoren umgespeichert werden. Bild 5.6 zeigt Ergebnisse aus Testprogrammen in denen eine Liste sortiert wird, die der Struktur L1 mit Listenelementen E1 nach Bild 5.4 entspricht. Ein Sortieren einer solchen Liste ist immer aufwendiger als das Durchsuchen der Liste. Somit ist diese Struktur für die Ereignisliste ungeeignet. Unter den verbleibenden Listentypen L2, L3, L4 und L5 belegen Listen der Typen L2 und L4 am wenig-

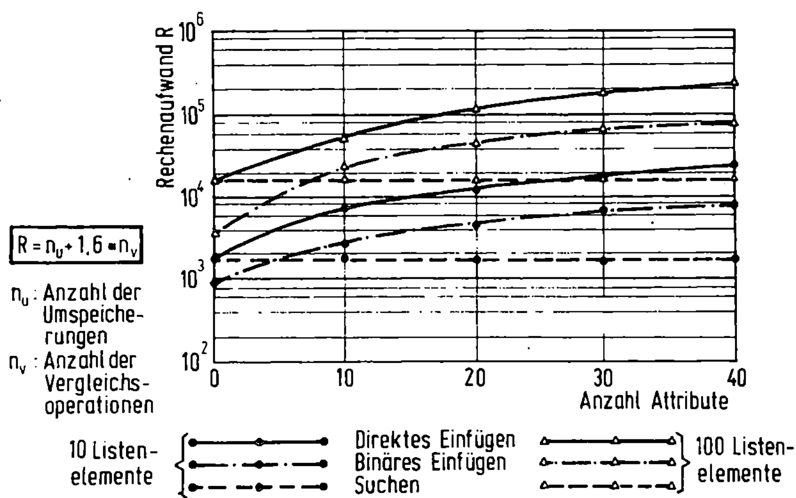

Bild 5.6 : Rechenaufwand zum Sortieren einer Liste von Vektoren.

sten Speicherplatz, weil sie die geringste Anzahl von Zeigervariablen besitzen. Eine geschlossene Struktur bietet für eine Ereignisliste keinen Vorteil, so daß die einfachste Listenstruktur L2 ausreicht. Für diese Listenstruktur ist "Direktes Einfügen" das geeignetste Sortierverfahren.

Die Listenelemente der Ereignisliste sollten vom Typ E3 oder E5 (nach Bild 5.4) sein. Mit diesen Grundtypen lassen sich die Attribute, deren Anzahl erfahrungsgemäß am häufigsten zwischen 5 ... 15 liegt, in besonders wenig Speicherplatz ablegen. Die Struktur E1 hat den Nachteil, daß der Speicherplatz für Ereignisattribute immer für eine maximale Anzahl dimensioniert werden muß. Einzelne Attribute zu verzeigern, erfordert ebenfalls viel Speicherplatz, weil die Zeiger auch abgelegt werden müssen.

Die Liste vom Typ L1 mit Listenelementen E3 oder E5 kann in
PASCAL als eine dynamische Listenstruktur programmiert werden.
Der Liste wird der Speicherplatz in diesem Falle erst während
der Programmausführung zugewiesen, so daß Speicherplatzbe-
schränkungen im Programm selbst nicht gegeben sind. Dadurch
ist PASCAL für Simulationsprogramme wesentlich leistungsfähiger als FORTRAN. Da FORTRAN für technisch-wissenschaftliche
Anwendungen häufiger als PASCAL angewendet wird, sind FORTRAN-
Compiler auf den meisten Rechenanlagen verfügbar. Damit wird
die Übertragbarkeit von Programmen am ehesten durch FORTRAN
gewährleistet.

5.3.3 Modularer Aufbau der Programme in Simulationssystemen.

Bei der Simulation mit Hilfe einer höheren Programmiersprache
ist es nicht möglich neue Sprachelemente einzuführen. Durch
eine Zusammenfassung von Anweisungen in einem Modul kann jedoch eine Art Spracherweiterung erzielt werden. In Verbindung
mit dem Namen des Moduls, der als Unterprogramm oder Funktion
ausgeführt wird, erhält der Modul den Charakter eines Sprach-
wortes. Die Voraussetzung, daß eine derartige Erweiterung realisiert werden kann, ist die Wiederholung von Strukturen von
Teilprozessen in der Fertigung. Es muß gefordert werden, daß
im Gesamtprozeß ein Teilprozeß existiert, dessen Stuktur im
Gesamtprozeß mehrmals anzutreffen ist und von der Zeit unabhängig ist.

Am häufigsten wiederholen sich Teilprozesse in den Komponenten
flexibler Fertigungssysteme. Beispielsweise läuft der Fertigungsprozeß auf einer Maschine für jedes Werkstück derselben
Art ähnlich ab. Der Fertigungsprozeß ist überschaubar und
weitgehend in einem Programmmodul zu verallgemeinern, in dem
die Prozeßstruktur allgemeingültig programmiert ist. Die Abbildung des werkstückspezifischen Prozesses kann jedoch über
Modulparameter ausgewählt werden. Um für die Simulation flexibler Fertigungssysteme Hilfsmittel zur schnelleren und ein-

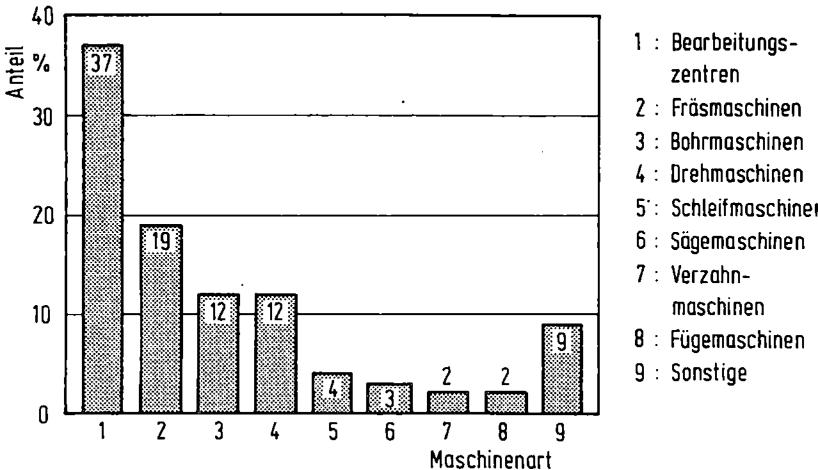

<u>Bild 5.7</u> : Der Anteil der Maschinenarten in flexiblen Ferti-
gungssystemen (nach / 58 /).

facheren Modellbildung zur Verfügung zu stellen, ist es sinnvoll für häufig eingesetzte Komponenten Module zu entwickeln
und diese in einer Programmbibliothek zu sammeln.

Von geplanten und realisierten flexiblen Fertigungssystemen
sind ausführliche Analysen gemacht worden / 58 , 59 /. Der
Untersuchung in / 58 / ist zu entnehmen, daß vorwiegend Bear-
beitungszentren in flexiblen Fertigungssystemen eingesetzt
werden (Bild 5.7).

Aus dieser Studie geht auch hervor, daß die Werkstück- und
Werkzeughandhabungen an den Maschinen meist von Sonderein-
richtungen durchgeführt werden. Vor den Maschinen befinden
sich in der Regel Pufferspeicher für Werkstücke und/oder Werkstückträger. Bemerkenswert ist, daß als Transporteinrichtung
häufig die angetriebene Rollenbahn benutzt wird (Bild 5.8).

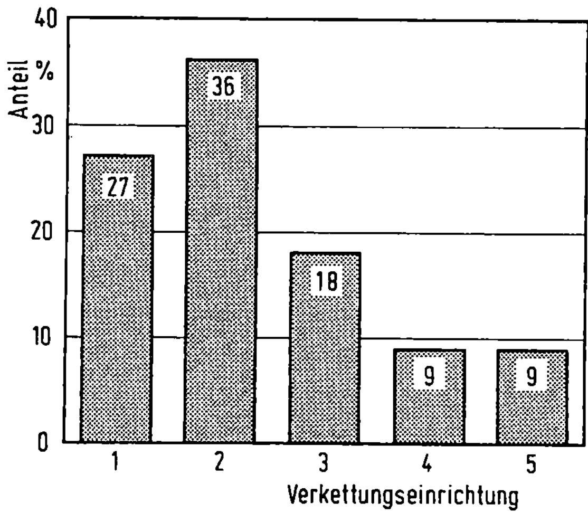

Bild 5.8 : Transportsysteme in flexiblen Fertigungssystemen (nach / 58 /).

Nach den Ergebnissen der oben genannten Untersuchungen ist es sinnvoll, Programmmodule zu entwickeln, welche Prozesse simulieren, die in den in Bild 5.7 aufgeführten Maschinen ablaufen. Weiterhin sind Module notwendig, welche die Prozesse in Komponenten des Werkstück- und/oder des Werkzeugflusses simulieren. Dazu gehört auch eine Abbildung der Speicher (Puffer-, speicher, zentrale Speicher von Werkstücken, Werkstückträgern, Werkzeugen usw.) als Dateien, welche durch die Simulation zustandsorientiert aktualisiert werden.

In / 60 / wurde der Informationsfluß flexibler Fertigungssysteme untersucht. Es zeigte sich, daß sehr unterschiedliche Steuerungsstrukturen aufgebaut wurden. Zukünftig werden sich jedoch Steuerungsstrukturen durchsetzen, bei denen eine aufgabenorientierte Trennung in verschiedene Steuerungsebenen untergliedert ist / 61 /. Dabei werden prozeßnahe Steuergeräte meist durch übergeordnete Rechner (Prozeßrechner, die Fertigungsleitrechner genannt werden) gesteuert.

Innerhalb des Fertigungsleitrechners wirken Programme aus folgenden sechs Aufgabengebieten:
- Bediensystem;
- interne Disposition
  (Maschinenbelegung, anlagenspezifische Fertigungsplanung usw.);
- Materialflußsteuerung;
- DNC / 71 /;
- Betriebsdatenerfassung und -ausgabe;
- Ein- und Ausgabetreiber
  (ansteuern prozeßnaher Steuergeräte).

Es ist sehr schwierig, allgemeingültige Module für Simulationsprogramme zu entwickeln, welche die Prozeßsteuerung abbilden. Nur solche Funktionen der Prozeßsteuerung lassen sich in Programmbausteinen vorfertigen, die auch im realen Anlagensteuersystem standardisiert werden können. Vorgefertigte Programmbausteine vereinfachen die Modellbildung, weshalb auch häufig anzutreffene Steuerfunktionen für das Simulationsprogrammsystem anzufertigen sind.

Dieser strenge modulare Programmaufbau eines Simulationsprogrammsystems, der sich auf standardisierbare Prozesse in flexiblen Fertigungssystemen ausweitet, ist noch von keinem der in Kap. 2 aufgeführten Simulationsprogrammsysteme und von keiner der dort vorgestellten Simulationssprachen realisiert worden.

6 Modellkontrolle.

Bei der Simulation mit individuell erstellten Simulationsmodellen ist die Kontrolle des Modells besonders wichtig. Die
Fehler, welche dem Simulationsprogramm anhaften können, sind
einerseits Modellbildungsfehler und andererseits Darstellungsfehler. Unter Darstellungsfehler sind all diejenigen Fehler zu
verstehen, die während der Darstellung des Modells beim Programmieren unterlaufen. Dazu zählen Syntaxfehler, Initiali-
sierungsfehler bei Variablen und Feldern, Schreibfehler usw..
Im allgemeinen werden viele dieser Fehler vom Übersetzungsprogramm (Compiler) erkannt. Unter den dann noch verbleibenden
Fehlern führen einige zum Programmabbruch. Die meisten Darstellungsfehler können somit entdeckt werden.

Modellbildungsfehler sind jedoch schwerwiegender. Sie bewir-
ken, daß der Prozeßverlauf falsch wiedergegeben wird, und entstehen während der Modellbildung. Diese Art von Fehlern kann
nur am fertig erstellten Modell oder durch eine Analyse von
Vorgängen mit Hilfe des Simulationsgraphen gefunden werden.
Aus diesem Grunde ist von einem Simulationsprogramm zu for-
dern, daß es geeignete Hilfsmittel zur Modellkontrolle anbietet.

6.1 Protokoll des Simulationsverlaufes durch alphanumerische Ausgaben.

Die einfachste Art, den Simulationsverlauf aufzuzeigen, ist
ein schriftliches Protokollieren des Simulationsablaufs. Im
Text des Protokolls sollten der simulierte Zeitpunkt und eine
Auswahl von Daten über den momentanen Modellzustand (z. B.
Parameter des augenblicklich tätigen Programmteiles) enthalten
sein. Als Ausgabegeräte für ein solches Protokoll eignen sich
das Bildschirmgerät und der Drucker.

Prozesse können mit fundamentalen Prozeßbeschreibungselementen
abgebildet (Kap. 4) werden. Aus diesem Grunde ist ein Proto-

koll, in dem die einzelnen Prozeßabschnitte mit ihren Parametern wiedergegeben werden, sinnvoll. Dieses Protokoll hat den Vorteil, daß der Simulationsverlauf ausführlich aufgezeigt wird. Zur Modellkontrolle fällt jedoch unter Umständen eine sehr umfangreiche Datenmenge an, die durchgesehen werden muß. Aus diesem Grunde muß vom Simulationsmodell zusätzlich noch ein weiteres Protokoll ausgegeben werden können, das eine Zusammenfassung der wichtigsten Ereignisse im Modell darstellt. Bild 6.1 zeigt ein solches selektives Protokoll.

Der Text im selektiven Protokoll sollte den momentanen Vorgang im Modell erläutern und eindeutig festlegen. Beispielsweise ist die Bearbeitung auf einer Maschine im Ausgabetext eindeutig von einer Spanntätigkeit zu unterscheiden. Selektive Protokolle müssen im Modell deshalb individuell programmiert werden. Wird zur Simulation eine höhere Programmiersprache verwendet, so sind solche Textausgaben in das Modell einfach einzubringen.

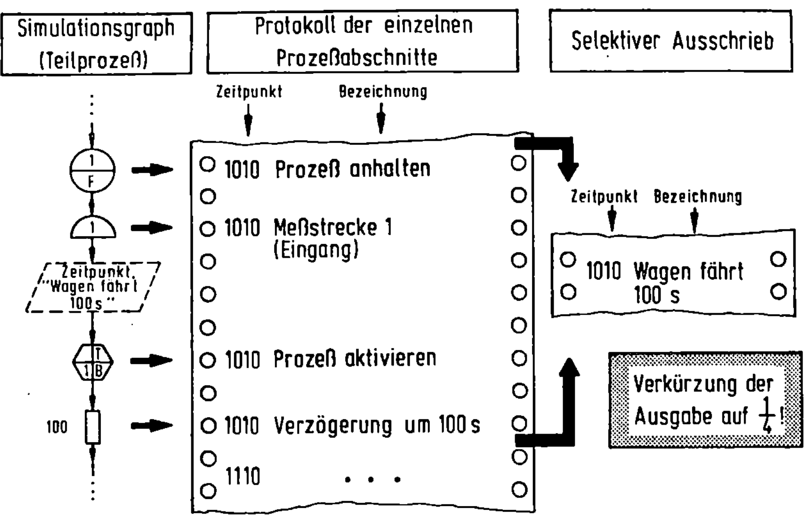

Bild 6.1 : Beispiel eines selektiven Protokolls.

Die Beobachtung des Simulationsverlaufes ist jedoch trotz eines selektiven Protokolls und der damit verbundenen Reduzierung des Textumfangs zeitaufwendig, da aufgrund der umfangreichen Informationsmenge das Modellverhalten schwer zu übersehen ist. Deshalb ist eine visuelle Kontrolle der Simulation, bei welcher die Systemzustände graphisch dargestellt werden, wesentlich einfacher.

6.2 Animation.

Für eine "trickfilmartige" Darstellung des Prozeßablaufes hat sich in der Simulationstechnik der Begriff Animation (lat. Belebung) eingebürgert / 62 /. Da der Prozeß ein Transport und/oder die Umformung von Materie, Energie und/oder Information ist, läßt er sich oft bildhaft als Bewegung oder als Zustandsänderung der Elemente eines Systems zeigen. In Bild 6.2 sind die grundsätzlichen technischen Wiedergabemöglichkeiten für die Animation aufgeführt.

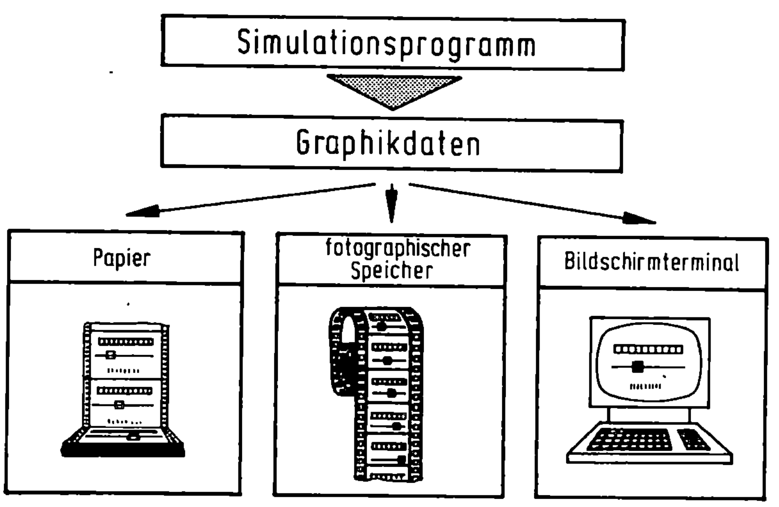

Bild 6.2 : Wiedergabemöglichkeiten für die Animation.

Bilder auf Papier zu zeichnen oder in einem fotographischen
Bildträger (Film) zu speichern, ist sehr zeitaufwendig und
kostspielig, weil das Speichermedium nicht wiederverwendet
werden kann. Günstiger ist es, die Animation mit einem Bildschirmgerät durchzuführen. Die Vorteile gegenüber den anderen
Verfahren sind vor allem
>   - die Dialogfähigkeit des Ausgabegeräts,
>   - die schnelle Bilderstellung,
>   - die Flexibilität des Ausgabegeräts,
>   - die mögliche on-line Beobachtung der Simulation,
>   - es ist kein besonderer Bildträger notwendig.

Im folgenden soll deshalb nur noch auf die Animation mit einem
Bildschirmgerät eingegangen werden.

6.2.1 Bildaufbau zur Animation.

In einer Bildfolge wird die Bewegung mobiler Systemelemente
innerhalb des Systems durch Bewegungen von Bildteilen im Ge-
samtbild dargestellt. Ortsfeste Systemelemente sind Bildteile,
die immer unverändert am selben Platz bleiben. Zur einfacheren
Bildinterpretation ist das Bild so zu gestalten, daß der Fertigungsprozeß im Fertigungssystem erkannt werden kann. Ein
Prozeß besteht aber nicht nur aus Bewegungen mobiler Systemkomponenten sondern auch aus Veränderungen des Zustands von
Systemkomponenten. Zustandsänderungen sind oft nicht geometrisch darstellbar. Sie müssen deshalb als Nachrichten verbal
auf dem Bildschirm angezeigt werden. Eine wesentliche Komponente des Bildes muß die Wiedergabe der Simulationszeit sein,
die zur Überprüfung der Vorgänge im Simulationsmodell notwendig ist.

Je nach Bauart des Bildschirmgeräts sind die Darstellungsmöglichkeiten für Bilder sehr unterschiedlich (Bild 6.3).
Die Aufgabe, ein flexibles Fertigungssystem so zu zeigen, daß
die darin ablaufenden Fertigungsprozesse im Bild wieder zu er-
kennen sind, kann nicht von jedem Bildschirmgerät bewältigt

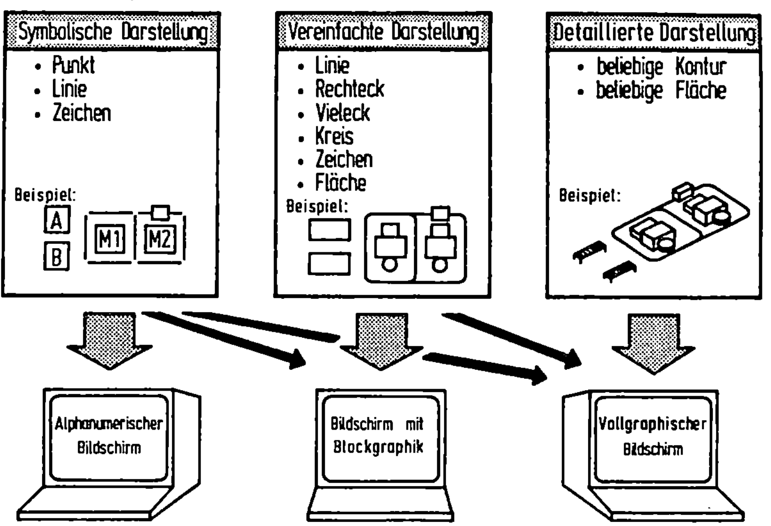

<u>Bild 6.3</u> : Darstellungsmöglichkeiten verschiedener Bildschirmgeräte.

werden. Das alphanumerische Bildschirmgerät scheidet aus, weil
die Darstellungsmöglichkeiten stark eingeschränkt sind. Die
meisten Darstellungmöglichkeiten bietet ein Bildschirmgerät,
welches das Bild in einzelne Bildpunkte auflöst (Raster-Scan-
Technik). Damit die Auflösung des Gerätes die graphische Darstellung flexibler Fertigungssysteme bei der Animation nicht
behindert, sollte sie möglichst groß sein. Als Mindestforderung an die Auflösung eines Farbsichtgerätes wären Standardformate wie 512 x 512 Bildpunkte zu nennen. Farbe sollte deshalb verwendet werden, um Zustände von Systemelementen besser
auf kleinstem Raum wiedergeben zu können.

Da die Bewegung von Systemkomponenten trickfilmartig ausgegeben werden soll, ist ein schneller Bildaufbau auf dem Bildschirm wünschenswert. Das bedeutet, daß die Schnittstellen zur
Datenübertragung zwischen dem Bildschirmgerät und der Rechen-

anlage sehr leistungsfähig sein müssen, wenn einzelne Bildin-
formationen zu übertragen sind. Solche Schnittstellen sind
beispielsweise DMA-Schnittstellen (DMA: Direct-Memory-Access).

6.2.2 Bildausgabe während der Simulation.

Zur Koordinierung der Bildbewegungen mit der Zustandsänderung
des Simulationsmodells sowie zur Ausgabe der Graphikdaten wird
ein Programm benötigt, das "Animationsprogramm" genannt werden
soll. Zur Kopplung des Simulationsprogramms mit dem Animationsprogramm gibt es zwei grundsätzlich verschiedene Möglichkeiten (Bild 6.4).

Bei der direkten Bildausgabe muß das Animationsprogramm in das
Simulationsprogramm integriert werden. Daraus resultiert ein

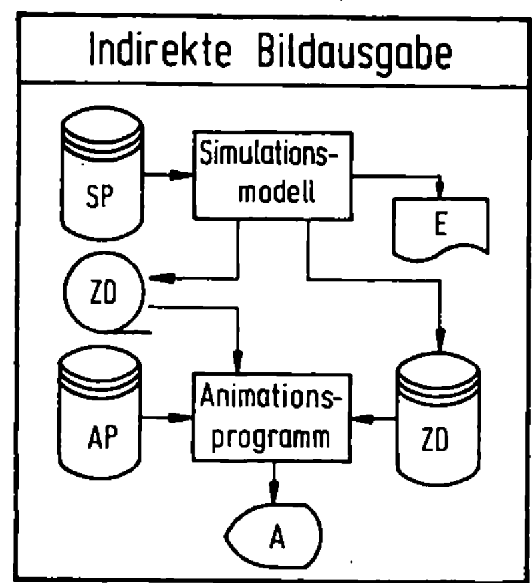

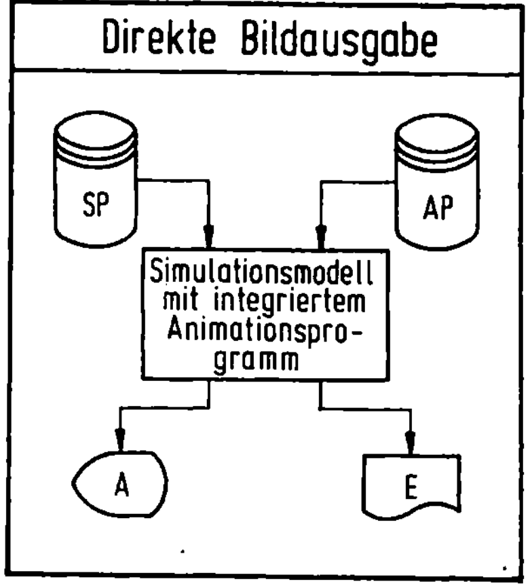

SP : Simulationsprogramm-Bibliothek   ZD : Zwischenspeicher für Bilddaten
AP : Animationsprogramm-Bibliothek   E : Ergebnisausgabe
A : Ausgabe der Animation

Bild 6.4 : Kopplung des Simulationsprogrammes mit dem Animationsprogramm.

höherer Speicherplatz- und Rechenzeitverbrauch für eine Simulation. Zur Bildausgabe muß jedesmal ein Rechenlauf durchgeführt werden.

Demgegenüber bietet die indirekte Bildausgabe den Vorteil, daß
die Bilddaten in oder auf einem Massenspeicher zwischengespeichert werden, wovon sie jederzeit abgerufen werden können. Das
Animationsprogramm läuft unabhängig vom Simulationsprogramm,
so daß die Bildaufbereitung die Simulation nicht belastet. Die
Voraussetzung für diese Möglichkeit ist jedoch, daß die Rechenanlage über solche Massenspeicher verfügt. Nachteilig ist vor
allem, daß die Animation erst nach der Simulation beobachtet
werden kann, wenn die Rechenanlage kein Betriebssystem für einen Mehrbenutzerbetrieb besitzt. Da moderne Rechenanlagen fast
immer geeignete Massenspeicher aufweisen und Betriebssysteme
für einen Mehrbenutzerbetrieb besitzen, ist in der Regel die
indirekte Bildausgabe vorteilhafter.

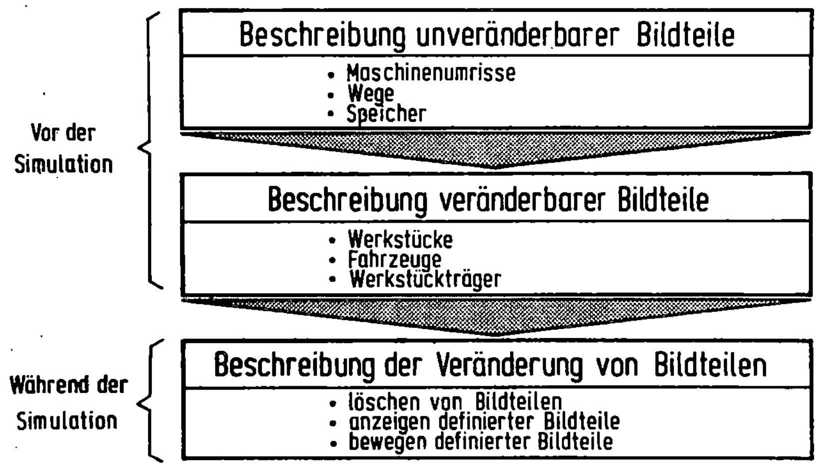

Bild 6.5 : Bildaufbau während und vor der Simulation.

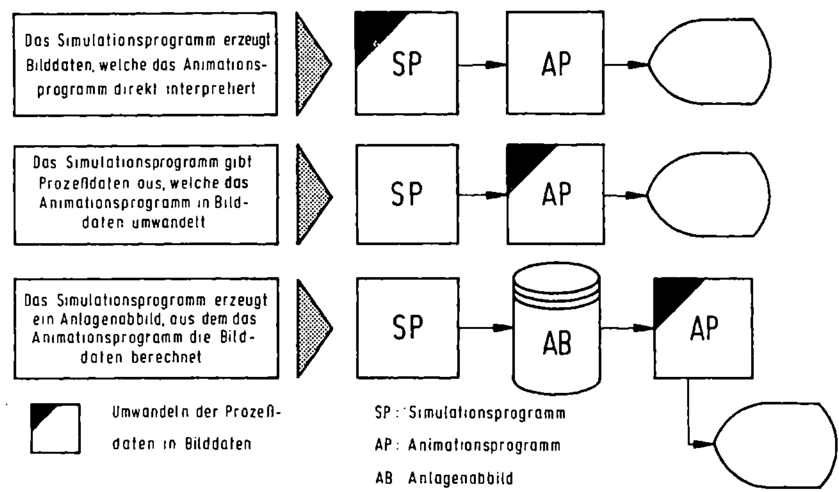

<u>Bild 6.6</u> : Datenschnittstellen für die Animation.

Vor der Simulation sind alle Bildelemente zu definieren (Bild 6.5). Während der Simulation müssen veränderbare Teilbilder orts-, zeit- und zustandsgerecht ausgegeben werden. Vom Simu- lationsprogramm aus können dem Animationsprogramm nur Daten des abgebildeten Prozesses übergegeben werden. Für die Anima- tion ist eine Umwandlung dieser Prozeßdaten in Bilddaten not- wendig. Dazu genügen Angaben der Zustandsänderung von Kompo- nenten des flexiblen Fertigungssystemes, die auf verschiede- ne Arten zur Animation verarbeitet werden können (Bild 6.6). Nach Möglichkeit sollte das Simulationsprogramm nicht mit Auf- gaben der Bilddarstellung belastet werden. Dadurch wird für Parametervariationen, bei denen oft auf Animation als Kontrol- le verzichtet werden kann, der Rechenzeitbedarf verkleinert. Für die Steuerung des Simulationsmodells ist es von Vorteil, wenn eine Buchführung über Anlagenzustände in einem Anlagen- abbild gemacht wird. Beispielsweise kann in einem Anlagenabbild leicht der Zustand einer Maschine erkannt werden, um daraus organistorische Maßnahmen zu begründen.

Im Bild kann die Zustandsänderung einer Komponente durch
- Änderung von Form, Farbe, Sichtbarkeit,
  Flächenwiedergabe, Größe und/oder
  Intensität der Darstellung,
- Orts- und Lageänderung (einfügen,löschen,
  verschieben und/oder drehen),

eines veränderbaren Teilbildes angezeigt werden. Unter einem Füllgebiet wird eine Fläche verstanden, die durch eine in sich geschlossene Linie begrenzt ist und mit einer einheitlichen Farbe, einem Muster oder einer Schraffur ausgefüllt ist. Der Zustand einer Komponente des flexiblen Fertigungssystemes ist im Anlagenabbild, das durch das Simulationsprogramm aktualisiert wird, festgehalten. Zur Animation sind zwei Stufen der Datenaufbereitung nötig:
- Zustände aufgrund der Prozeßbeschreibung
  erfassen und in das Anlagenabbild ein-
  tragen;
- den Vorgang der Eintragung in das Anlagenabbild als Änderung eines Teilbildes anzeigen.

Das Anlagenabbild ist zusammen mit der Angabe des aktuellen Simulationszeitpunktes die Datenbasis der Statusanzeige. Zur Anzeige von Stati werden die entsprechenden Daten aus dem Anlagenabbild entnommen und an einem vorgegebenen Ort im Bild als alphanumerische Zeichenkette in einer graphischen Umgebung ausgegeben.

6.2.3 Animation mit Hilfe der Blockgraphik.

Am einfachsten ist Animation mit Hilfe von Blockgraphik zu verwirklichen. Das Bild, welches ein Bildschirm für Blockgraphik wiedergeben kann, besteht aus k_{max} Zeilen, wobei sich jede Zeile aus j_{max} Zeichen zusammensetzt (Bild 6.7). Damit

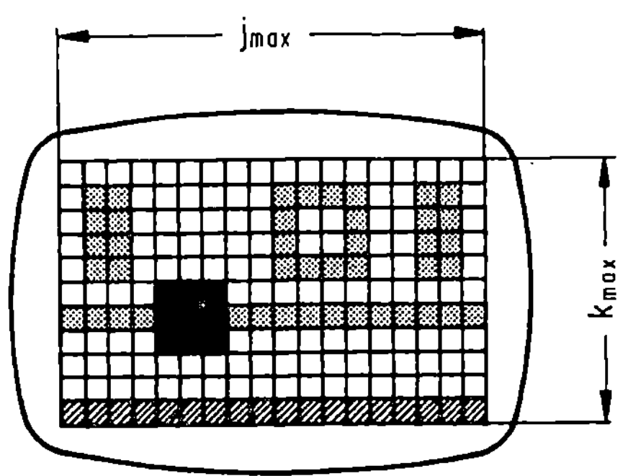

▨	Zeichen der Statusanzeige
▧	Zeichen der unveränderbaren Bildkomponenten
■	Zeichen der veränderbaren Bildkomponenten
☐	Zeichen des Hintergrundes

j_{max} : Anzahl von Spalten im Bild

k_{max} : Anzahl von Zeilen im Bild

Bild 6.7 : Bildstruktur eines Blockgraphikbildes.

können die Definitionsbereiche

$$(6.1)$$

$$N_z = \{1, \ldots, k_{max}\}$$
$$N_s = \{1, \ldots, j_{max}\}$$

festgelegt werden. Mit diesen Definitionsbereichen wird in den folgenden Ausführungen die Größe der Zeichenmengen eingeengt. Aus Bildbestandteilen zugeordneten Teilmengen von Zeichen ergibt sich für die Animation eine notwendige Zeichenmenge:

$$(6.2)$$

$$C = \{c^H, c^U, c^V, c^S\}$$

C : Menge der auf einem Bildschirm sichtbaren Zeichen während der Animation

c^H : Menge der Zeichen des Hintergrunds

c^U : Menge der Zeichen aller unveränderlichen Bildkomponenten

c^V : Menge der Zeichen aller veränderlichen
Bildkomponenten

c^S : Menge der Zeichen zur Statusanzeige

Der Hintergrund besteht meist aus gleichen Zeichen (oft das
Leerzeichen), so daß für ihn die Menge

$$c^H = \left\{ c^H_{jk} \right\} \tag{6.3}$$

$$j \in \mathbf{N}_z; \quad k \in \mathbf{N}_s; \quad c^H_{jk} \in \mathbf{C}^z$$

c^H_{jk} : Auf dem Bildschirm darstellbares Zeichen

$\mathbf{C}^z$: Menge der auf dem Bildschirm darstellbaren
Zeichen

angegeben werden kann.

Das gesamte unveränderliche Bild setzt sich aus einzelnen Bildteilen mit jeweils eigener Bedeutung zusammen:

$$c^U = \left\{ c^U_1, c^U_2, \ldots , c^U_j, \ldots , c^U_n \right\} \tag{6.4}$$

$$j,n \in \mathbf{N}^+$$

c^U_j : Bildteil mit einer eigenen Bedeutung

n : Anzahl unveränderlicher Teilbilder

Jedes dieser unveränderlichen Teilbilder mit einer eigenen Bedeutung besteht selbst aus einer Menge von Zeichen:

$$c^U_j = \left\{ c^U_{pq} \right\} \tag{6.5}$$

$$p \in \mathbf{N}_z; \quad q \in \mathbf{N}_s; \quad c^U_{pq} \in \mathbf{C}^z$$

Einen ähnlichen Aufbau besitzen die Teilbilder, welche sich
verändern lassen:

$$c^V = \left\{ c^V_1, c^V_2, \ldots , c^V_j, \ldots , c^V_m \right\} \tag{6.6}$$

$$j,n \in \mathbf{N}^+$$

c^V : Menge der Zeichen aller veränderlichen Teilbilder

c_j^V : Menge der Zeichen zur Darstellung von Zuständen
einer Komponente j eines flexiblen Fertigungssystems

m : Anzahl der durch veränderliche Teilbilder
dargestellten Komponenten eines flexiblen
Fertigungssystems $\qquad$ (6.7)

$$c_j^V = \left\{c_{j1}^V,\; c_{j2}^V,\; \ldots,\; c_{jk}^V,\; \ldots,\; c_{jn}^V\right\}$$

$$j,k,n \in \mathbf{N}^+$$

Jedem Zustand einer Systemkomponente wird ein veränderbares
Teilbild zugeordnet. Welches dieser Teilbilder augenblicklich
auf dem Bildschirm zu zeigen ist, hängt vom Zustand der be-
treffenden Systemkomponente ab. Für jede der m Komponenten
eines flexiblen Fertigungssystemes, die als veränderliches
Teilbild auf dem Bildschirm gezeigt werden soll, ergibt sich
aus dem Fertigungsprozeß von Zeitpunkt zu Zeitpunkt ein ganz
bestimmter Zustand. Dies führt zu einer Menge von Teilbildern,
deren Elemente zeitabhängig sind:

$$(6.8)$$

$$c_{jk}^V = \left\{c_{pq}^V\right\}_{jk}$$

$$p \in \mathbf{N}_z;\quad q \in \mathbf{N}_s;\quad c_{pq}^V \in \mathbf{C}^Z$$

Zum Zeitpunkt t nehmen die darzustellenden Systemkomponenten
einen Zustand ein, nach dem sich die Bildwiedergabe richtet:

$$(6.9)$$

$$Z(t) = \left\{Z_1(t),\; Z_2(t),\; \ldots,\; Z_j(t),\; \ldots,\; Z_m(t)\right\}$$

$$m,t,j \in \mathbf{N}^+$$

$$Z_j(t) :\text{ Zustand des Systemelements j zum Zeitpunkt t}$$

Durch den Hintergrund und durch unveränderliche Teilbilder
entsteht ein statisches Bild, das während der Animation von
veränderlichen Bildern teilweise verdeckt werden kann:

$$(6.10)$$

$$c^F = \left\{ c_{pq} \mid c_{pq} \in c^H \wedge \bigwedge_{c_{rs} \in c^U} [r \neq p \wedge s \neq q] \right\} \cup c^U$$

$$r, p \in \mathbf{N}_z; \quad s, q \in \mathbf{N}_s$$

c^F : statisches Bild

Beginnt die Animation zum Zeitpunkt t_0, so ist zuerst das statische Bild auszugeben (Bild 6.8). Danach werden alle veränderbaren Teilbilder angezeigt, wodurch ein Teil des statischen Bildes gelöscht wird.

$$(6.11)$$

$$c^G = c^F - \left\{ c_{pq} \mid c_{pq} \in c^F \wedge \bigvee_{c_{rs} \in c^{V*}(t_0)} [r = p \wedge s = q] \right\}$$

$$t_0 \in \mathbf{N}^+; \quad r, p \in \mathbf{N}_z; \quad s, q \in \mathbf{N}_s$$

c^G : Menge der Zeichen des statischen Bildes, welche zu Beginn der Animation durch veränderbare Teilbilder gelöscht werden

t_0 : Zeitpunkt des Animationsbeginns

$c^{V*}(t)$: c^V für den Zustand $Z(t)$

Ein ausgegebenes Zeichen wird auf dem Bildschirm solange gezeigt, bis es durch ein anderes ersetzt wird. Der Bildaufbau während der Simulation läuft schneller ab, wenn möglichst wenige Zeichen des augenblicklichen Bildes verändert werden. Zu ändern sind nur diejenigen Zeichen, welche durch eine Zustandsänderung des Systems angezeigt werden müssen. Der Zeitpunkt vor der Zustandsänderung sei t_{m-1}, derjenige nach der Zustandsänderung t_m.

$$(6.12)$$

$$c^D(t_m) = \left[c^{V*}(t_m) - \left\{ c_{pq} \mid c_{pq} \in c^{V*}(t_m) \wedge \bigvee_{c_{rs} \in c^{V*}(t_{m-1})} [c_{rs} = c_{pq} \wedge r = p \wedge s = q] \right\} \right] \cup$$

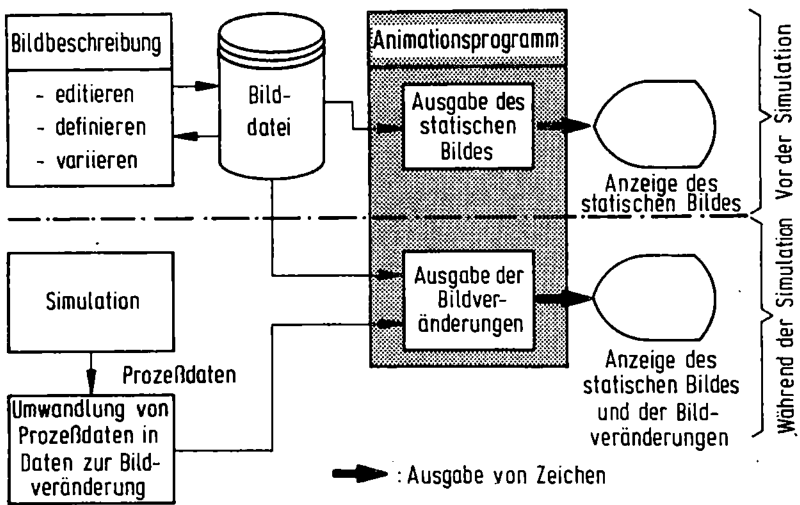

Bild 6.8 : Bilddefinition bei der Animation.

$$\left\{ c_{uv} \mid c_{uv} \in c^F \wedge \bigvee_{c_{xy} \in c^{V^*}(t_{m-1})} \left[x=u \wedge y=v \wedge \bigwedge_{c_{jk} \in c^{V^*}(t_m)} [x \neq j \wedge y \neq k] \right] \right\}$$

$$t_m, t_{m-1}, p, q, r, s, u, v, x, y, j, k \in \mathbb{N}^+$$

$c^D(t_m)$: Menge aller Zeichen, die zur Aktualisierung
eines Bildes zum Zeitpunkt t_m auf dem Bildschirm auszugeben sind

Die Bildfolge bei der Animation kann als eine Folge von Zeichenmengen angegeben werden, die nacheinander auf dem Bildschirm auszugeben sind.

$$c^A = c^G \cup c^{V*}(t_0), \; c^D(t_1), \; c^D(t_2), \; \ldots , \; c^D(t_n) \qquad (6.13)$$

$$t_1, t_2, \ldots , t_n \in \mathbb{N}^+$$

c^A : Bildfolge bei der Animation

t_n : letzter dargestellter Zeitpunkt

Die Animation mit Hilfe der Blockgraphik läßt sich auf der Basis mengentheoretischer Algorithmen durchführen. Dazu muß ein Simulationssystem Programmbausteine enthalten, die Bildveränderungen mit simulierten Zustandsänderungen verknüpfen. Weitere Elemente des Simulationsprogrammsystems sollten Hilfsprogramme sein, mit denen der Hintergrund, die veränderlichen und unveränderlichen Teilbilder erzeugt und gelöscht (editiert) werden. Programmbausteine, die den simulierten Systemzuständen veränderliche Teilbilder zuordnen, stellen eine Voraussetzung für die Animation dar.

6.2.4 Animation mit Hilfe von Vollgraphik.

Die Entwicklung preisgünstiger und leistungsfähiger Halbleiterbauelemente hat wesentlich zur Verbreitung von Raster-Scan-Ausgabegeräten geführt / 63 /. Sie sind zur Animation von Simulationsmodellen besonders geeignet, weil mit ihnen Bewegungen einzelner Bildteile so verwirklicht werden können, daß eine trickfilmähnliche Darstellung entsteht. Bisher war es unmöglich eine Graphiksoftware zu erstellen, die mit vielen dieser Geräte betrieben werden kann. Fast jeder Hersteller benutzt für sein Gerät eine eigene Programmiersprache oder gibt individuelle Befehle zur Bildgestaltung vor. Seit 1983 existiert jedoch ein Normentwurf zur Standardisierung graphischer Grundfunktionen GKS (Graphisches Kernsystem) / 64 /. Da mit dieser Norm eine Möglichkeit geschaffen wurde, übertragbare Graphiksoftware zu entwickeln, werden im folgenden die dort definierten Grundfunktionen benutzt.

Für die Bildbearbeitung sind vor allem die Darstellungsele-
mente und ihre Attribute / 65 / wichtig. GKS stellt sechs Dar-
stellungselemente bereit:

- Polygon   : GKS erzeugt einen Polygonzug
               mit gegebenen Eckpunkten;
- Polymarke : GKS erzeugt an jedem Punkt
               aus einer gegebenen Punkt-
               menge eine zentrierte Marke;
- Text   : GKS erzeugt an einer gegebe-
               nen Position eine Zeichenfolge;
- Zellmatrix: GKS erzeugt aus einer gegebenen
               Pixelmatrix ein Rasterbild;
- Füllgebiet: GKS erzeugt eine Fläche, die
               durch ein gegebenes Polygon be-
               randet wird;
- Verallgemeinertes Darstellungselement:
               Dieses Grundelement erlaubt es,
               Ausgabefähigkeiten von Geräten
               anzusprechen. GKS interpretiert
               die Parameter nicht, sondern
               reicht sie lediglich weiter.

Für die Animation bedeutet dies, daß sie mit Hilfe dieser Dar-
stellungselemente auf zwei Arten realisiert werden kann (Bild
6.9). Einerseits kann mit den GKS-Funktionen Vollgraphik programmiert werden und andererseits läßt sich mit der Zellmatrix eine Darstellungsart entwickeln, die der Blockgraphik
entspricht. Die Animation erfolgt in diesem Falle in der Art,
wie sie in Kap. 6.2.3 beschrieben wurde.

Obwohl GKS beliebige Koordinatendefinitionen zuläßt, sollen
Einschränkungen gemacht werden. Bei der Animation erleichtert
ein Koordinatensystem, bei dem die Bemaßung aus der Zeichnung
größtenteils übernommen werden kann, die Bildgestaltung. Normalerweise sind in einer Anlagenzeichnung keine negativen Maße
zu finden, so daß sich ein Koordinatensystem anbietet, bei dem
sich der Ursprung am linken unteren Rand befindet. Am rechten

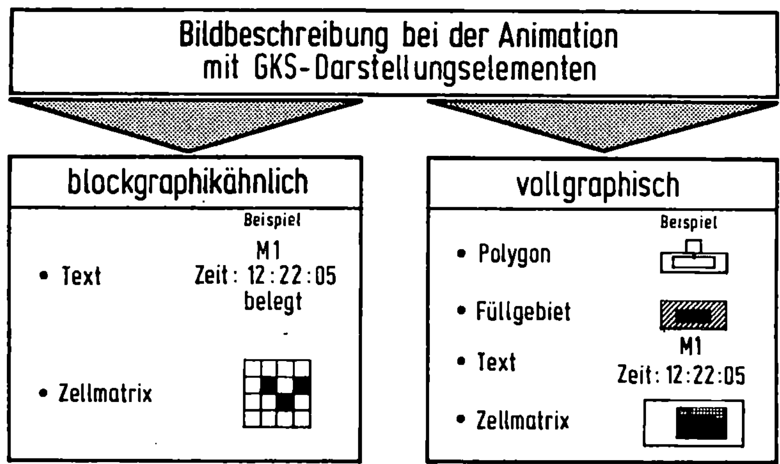

Bild 6.9 : Darstellungsmöglichkeiten für die Animation mit
Vollgraphikbildschirmen.

oberen Rand sitzt der Punkt mit den Koordinaten x_{max}, y_{max}.
Damit besteht das Bild aus $x_{max} * y_{max}$ Bildpunkten, wenn eine
Achseneinheit einem Punkt entspricht. Es gilt

$$\mathbf{N}_x = \left\{1, 2, \ldots , x_{max}\right\} \tag{6.14}$$

$$\mathbf{N}_y = \left\{1, 2, \ldots , y_{max}\right\}$$

$$\mathbf{N}_{Bild} = \mathbf{N}_x \times \mathbf{N}_y$$

$$x_{max}, y_{max} \in \mathbf{N}^{+}$$

Je nach Darstellungsmöglichkeit des Ausgabegeräts kann ein
Punkt auf dem Bildschirm als bunte (blau, rot, gelb usw.) oder
unbunte Farbe (weiß, schwarz) ausgegeben werden. Ein solcher
Punkt wird üblicherweise als "Pixel" bezeichnet und besitzt
einen Zustand aus einer Menge der Pixeldarstellungsmöglich-
keiten PD. Der Punkt ist somit durch das Tripel

$$(6.15)$$

$$PK = (x, y, z)$$

$$(x, y) \in \mathbf{N}_{Bild}; \quad z \in PD$$

$$PK : \text{Bildpunkt}$$

charakterisiert.

Die Darstellungsarten von GKS lassen sich teilweise als Funktionen beschreiben. Die Bildpunkte einer Geraden sind durch zwei vorgegebene Punkte und eine Abbildungsfunktion definiert:

$$(6.16)$$

$$G_{pq} = \left\{ (x_j, y_j, z_j) \;\middle|\; y_i = int(y) \wedge z_j = z_p \right\}$$

$$y = \frac{y_q - y_p}{x_q - x_p} (x_j - x_p) + 0{,}5$$

$$x_j = x_p, (x_p + \triangle x), (x_p + 2\triangle x), \ldots, x_q$$

$$(x_p, y_p), (x_q, y_q), (x_i, y_i) \in \mathbf{N}_{Bild}; \quad z_j, z_p \in PD$$

$$\triangle x = sign(x_q - x_p)$$

Für einen Polygonzug muß eine geordnete Menge von Bildpunkten vorgegeben werden:

$$(6.17)$$

$$M_i = \left\{ (x_1, y_1, z_1), (x_2, y_2, z_2), \ldots, (x_j, y_j, z_j), \right.$$
$$\left. \ldots, (x_n, y_n, z_n) \right\}$$

$$(x_j, y_j) \in \mathbf{N}_{Bild}; \quad z_1 = z_2 = \ldots = z_n \in PD$$

$$n, j \in \mathbf{N}^+$$

$$(x_1, y_1, z_1) < (x_2, y_2, z_2) < \ldots < (x_n, y_n, z_n)$$

$$M_i : \text{geordnete Menge von Bildpunkten}$$

Damit sind alle Geradenstücke des Polygonzuges bestimmt.

$$P(M_i) = G_{12} \cup G_{23} \cup \ldots \cup G_{jk} \cup \ldots \cup G_{n-1\,n} \qquad (6.18)$$

$$(x_j, y_j, z_j) \in M_i$$

$$j, k, n \in \mathbf{N}^+$$

$$n : \text{Anzahl der Eckpunkte des Polygonzuges}$$

Ein geschlossener Polygonzug ist Voraussetzung für das Füllgebiet. Er entsteht dann, wenn der letzte Punkt der Punktemenge M_i mit dem ersten Punkt zusätzlich mit einer Geraden verbunden wird.

$$P^*(M_i) = P(M_i) \cup G_{n\,1} \qquad (6.19)$$

$$(x_n,\ y_n,\ z_n),(x_1,\ y_1,\ z_1) \in M_i,\ z_1 = z_n \in PD$$

$P^*(M_i)$: Menge der Bildpunkte eines geschlossenen
Polygonzuges

Ein Füllgebiet wird von einem geschlossenen Polygonzug umrandet. Ein Bildpunkt befindet sich innerhalb des Polygonzugs, wenn eine beliebige Gerade von diesem Bildpunkt ausgehend den Polygonzug schneidet und die Anzahl der Schnittpunkte mit dem Polygonzug in einem Geradenabschnitt vom Bildpunkt ausgehend eine ungerade Zahl ist:

$$S_{pq} = \left\{ (x_j,\ y_j,\ z_j) \mid (x_j,\ y_j,\ z_j) \in G_{pq} \wedge \right. \qquad (6.20)$$

$$(x_j,\ y_j,\ z_j) \in P^*(M_i) \wedge (x_q,\ y_q,\ z_q) \in P^*(M_i) \wedge$$

$$\left. z_p = z_q = z_j \right\}$$

$$x_q > x_p \Rightarrow x_j > x_p;\ x_q < x_p \Rightarrow x_j < x_p;\ i,j,p,q \in \mathbf{N}^+$$

S_{pq} : Menge aller Schnittpunkte einer Geraden mit einem
geschlossenen Polygonzug

Damit ergibt sich für das Füllgebiet eine Punktemenge $F(M)$:

$$F(M_i) = \left\{ (x_j,\ y_j,\ z_j) \mid (x_j,\ y_j,\ z_j) \in G_{jk} \wedge |S_{jk}| \in \mathbf{N}_u \wedge \right.$$

$$\left. (x_k,\ y_k,\ z_k) \in P^*(M_i) \right\} \qquad (6.21)$$

$$i,j,k,n \in \mathbf{N}^+;\ \mathbf{N}_u = \{1,\ 3,\ \dots\ ,\ 2n+1\}$$

$F(M_i)$: Füllgebiet, welches ein Polynom $P^*(M_i)$ umschließt

Die Zellmatrix ist eine Menge von Punkten

$$ZM_i = \left\{ (x_j,\ y_k,\ z_{jk}) \mid j = 1,\ \dots\ ,\ n_x;\ k = 1,\ \dots\ ,\ n_y \right\}$$

$$n_x, n_y, i,j,k \in \mathbf{N}^+;\ z_{jk} \in PD;\ (x_j,\ y_k) \in \mathbf{N}_{Bild} \qquad (6.22)$$

ZM_i : Menge der Bildpunkte der Zellmatrix i

n_x : Anzahl der Spalten der Zellmatrix

n_y : Anzahl der Zeilen der Zellmatrix

Das letzte Darstellungselement ist der Text, der als eine Folge von Zeichen angesehen werden kann.

$$T_i = \left\{ C_1, C_2, \ldots, C_j, \ldots, C_m \right\} \qquad (6.23)$$

T_i : Text mit der Nummer i

m : Anzahl der Zeichen des Textes i

C_j : alphanumerisches Zeichen

$$C_j = \left\{ (x_k, y_m, z) \right\}$$

$k = 1, \ldots, p; \ m = 1, \ldots, q; \ (x_k, y_m) \in \mathbf{N}_{Bild}$

$z = const.; \ z \in PD$

p : Anzahl der Bildpunkte zur Zeichendarstellung in der x-Koordinate

q : Anzahl der Bildpunkte zur Zeichendarstellung in der y-Koordinate

Der Hintergrund des Bildes ist eine einheitliche Fläche.

$$B^H = \left\{ (x,y,z) \mid z \in PD \wedge (x,y,z) \notin B^U \right\} \qquad (6.24)$$

$z = const.; \ (x,y) \in \mathbf{N}_{Bild}$

B^H : Menge der Bildpunkte des Hintergrunds

Die Menge der unveränderlichen Teilbilder setzt sich aus verschiedenen abbildungsspezifischen Teilbildern zusammen:

$$B^U = \left\{ B_1^U, B_2^U, \ldots, B_j^U, \ldots, B_n^U \right\} \qquad (6.25)$$

$j, n \in \mathbf{N}^+$

B^U : Menge der Bildpunkte unveränderlicher Teilbilder

B_j^U : Menge der Bildpunkte eines unveränderlichen Teilbildes

n : Anzahl der unveränderlichen Teilbilder

Jedes dieser Teilbilder ist aus den Darstellungselementen von GKS aufgebaut:

$$B_j^U = \Big\{ G_{p_0 q_0}, \ \ldots \ , \ G_{p_k q_k}, \ P(M_0), \ \ldots \ , \ P(M_m), \tag{6.26}$$
$$P^*(M_0^*), \ \ldots \ , \ P^*(M_n^*), \ F(M_0^{**}), \ \ldots \ , \ F(M_r^{**}),$$
$$T_0, \ \ldots \ , \ T_s \Big\}$$

$$k, m, n, r, s, p_0, q_0, p_k, q_k \in \mathbb{N}^+ \cup \{0\} \ ; \ j \in \mathbb{N}^+$$

$$G_{p_0 q_0} = P(M_0) = P(M_0^*) = F(M_0^{**}) = T_0 = \text{leere Menge}$$

k : Anzahl der im unveränderlichen Teilbild verwendeten
Geraden

m : Anzahl der im unveränderlichen Teilbild verwendeten
offenen Polygonzüge

n : Anzahl der im unveränderlichen Teilbild verwendeten
geschlossenen Polygonzüge

r : Anzahl der im unveränderlichen Teilbild verwendeten
Füllgebiete

s : Anzahl der im unveränderlichen Teilbild verwendeten
Texte

Alle veränderbaren Teilbilder sind zeitabhängig und ergeben
zusammen die Menge der veränderbaren Teilbilder

$$\tag{6.27}$$
$$B_{Z(t)}^V = \Big\{ (x, \ y, \ z) \ \Big| \ \bigwedge_{j=1, \ \ldots \ , m} (x, \ y, \ z) \in B_{j_k}^V \wedge k = Z_j(t) \Big\}$$

$$j, k, m, Z_j(t), t \in \mathbb{N}^+; \ (x, \ y) \in \mathbb{N}_{Bild}; \ z \in PD$$

$B_{Z(t)}^V$: Menge der Bildpunkte veränderlicher Teilbilder

$B_{j_k}^V$: Menge der Bildpunkte eines veränderlichen Teilbildes der Systemkomponente j, wenn sie den Zustand k einnimmt

$Z_j(t)$: Zustand der Systemkomponente j zum Zeitpunkt t
(vergl. 6.8)

Ähnlich wie die unveränderlichen Teilbilder sind auch die veränderlichen Teilbilder aus GKS-Grundelementen aufgebaut:

$$B^V_{j_k} = \Big\{ G_{p_0 q_0}, \; \ldots \; , G_{p_k q_k}, \; P(M_0), \; \ldots \; , P(M_m), \qquad (6.28)$$
$$P^*(M^*_0), \; \ldots \; , P^*(M^*_n), \; F(M^{**}_0), \; \ldots \; , F(M^{**}_r),$$
$$T_0, \; \ldots \; , T_s \Big\}$$

$$k,m,n,r,s,p_0,q_0,p_k,q_k \in \mathbf{N}^+ \cup \{0\} \; ; \; j \in \mathbf{N}^+$$

$$G_{p_0 q_0} = P(M_0) = P(M^*_0) = F(M^{**}_0) = T_0 = \text{leere Menge}$$

k : Anzahl der im veränderlichen Teilbild verwendeten
Geraden

m : Anzahl der im veränderlichen Teilbild verwendeten
offenen Polygonzüge

n : Anzahl der im veränderlichen Teilbild verwendeten
geschlossenen Polygonzüge

r : Anzahl der im veränderlichen Teilbild verwendeten
Füllgebiete

s : Anzahl der im veränderlichen Teilbild verwendeten
Texte

Da eine Buchführung über die einzelnen Bildpunkte bei Vollgraphik sehr umständlich ist, und zudem die Ausgabe des Bildes
über die Schnittstellen von GKS erfolgt, die sich gewöhnlich
nicht auf einzelne Bildpunkte beziehen, ist es nicht sinnvoll,
nur einzelne Bildpunkte während der Animation zu verändern.
Aus diesem Grunde wird bei einer Bildänderung zuerst der Hintergrund, dann das unveränderliche Bild und zuletzt das veränderliche Bild ausgegeben. So entsteht bei der Animation eine Folge von Bildausgaben:

$$B^A = (B^H, B^U, B^V_{Z(t_0)}), \; (B^H, B^U, B^V_{Z(t_1)}), \; \ldots \; , (B^H, B^U, B^V_{Z(t_j)}),$$
$$\ldots \; , (B^H, B^U, B^V_{Z(t_{max})}) \qquad (6.29)$$

B^A : Bildfolge bei der Animation

t_0 : Zeitpunkt des Animationsbeginns

t_{max} : Endzeitpunkt der Animation

Damit der Eindruck einer Teilveränderung im Bild entsteht, muß
der Bildaufbau sehr schnell erfolgen. Dies erfordert auch ein
leistungsfähiges Ausgabegerät.

Als Ergebnis der oben angestellten Betrachtungen kann festge-
stellt werden, daß

- der Bildaufbau bei der Animation sowohl mit
  Hilfe der Blockgraphik als auch mit Hilfe der
  Vollgraphik mit wenigen Darstellungselementen
  mengentheoretisch beschrieben werden kann;
- zwischen der Darstellungsweise für Blockgraphik
  und der Darstellungsweise für Vollgraphik ein
  erheblicher Unterschied besteht;
- eine Kopplung zwischen simulierten Systemzuständen des flexiblen Fertigungssystems und
  veränderlichen Teilbildern notwendig ist.

Für ein Simulationsprogrammsystem bedeutet dies, daß es Programmbausteine für die Animation mit Hilfe der Blockgraphik
als auch für die Animation mit Hilfe der Vollgraphik enthalten muß. Auf der Grundlage der oben aufgeführten Algorithmen
lassen sich solche Programmbausteine entwickeln. Mit den fundamentalen Prozeßbeschreibungselementen, den Programmbausteinen zur Abbildung häufiger Komponenten flexibler Fertigungssysteme und den Animationsprogrammen ist das Simulationssystem
ein flexibles und leistungsfähiges Hilfsmittel zur Planung flexibler Fertigungssysteme, das auch für den Test von Steuerprogrammen geeignet ist.

7 Simulation als Planungshilfsmittel.

In der Regel sind die zur Fertigung in einem geplanten flexiblen Fertigungssystem vorgesehenen Werkstücke bekannt. Sie bilden zusammen mit dem Platzangebot des Aufstellungsortes die Grundlage zur Planung. Die Planung selbst erfolgt in mehreren Stufen (Bild 7.1 und Bild 7.2).

Simulation kann erst dann sinnvoll eingesetzt werden, wenn ein Anlagenkonzept ausgearbeitet ist. Sie ist ein Hilfsmittel bei der Auswahl von Systemkomponenten, bei der Suche nach geeigneten Regeln für die Materialflußsteuerung oder zur Bestätigung von Dispositionsvorgaben. Die mit Hilfe von Simulation

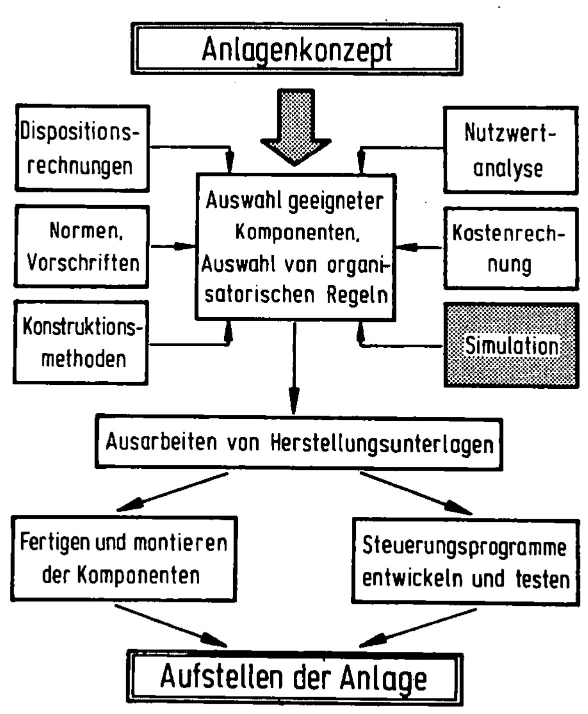

Bild 7.1 :
Stufen bei der Planung flexibler Fertigungssysteme (Teil 1).

gewonnenen Ergebnisse entscheiden aber nicht immer alleine darüber, welche der in Frage kommenden Komponenten oder welche Struktur eines flexiblen Fertigungssytemes ausgewählt wird. Simulation ist lediglich eines von mehreren Hilfsmitteln, welche zur Lösungsfindung eingesetzt werden. Normalerweise führen logisch-rational gefällte Entscheidungen zu einem Systemkonzept, das eine weitgehend ausgereifte Struktur aufweist und dessen Komponenten festliegen. Erst wenn der Einfluß von Systemparametern auf den Fertigungsprozeß nicht mehr ausreichend genau vorausgesagt werden kann, muß simuliert werden.

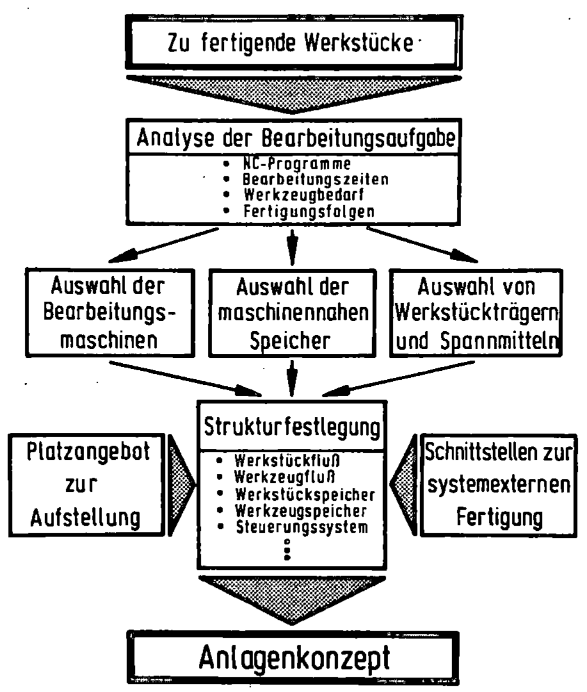

Bild 7.2 : Stufen bei der Planung flexibler Fertigungssysteme (Teil 2).

7.1 Stellenwert der Simulation bei der Planung flexibler Fertigungssysteme.

Die Kosten, welche bei der Planung durch die Simulation anfallen, sollen gering gehalten werden. Aus diesem Grunde ist jeweils zu entscheiden, ob eine Simulation überhaupt erforderlich ist. Eine allgemeingültiges Kriterium über die Notwendigkeit einer Simulation gibt es nicht. Generell kann zwar gesagt werden, daß Simulation dann einzusetzen ist, wenn Berechnungsverfahren der Mathematik nicht mehr angewendet werden können. Es ist jedoch schwierig zu überprüfen, ob diese mathematischen Verfahren im speziellen Anwendungsfall zulässig sind.

Zwei Methoden können als grobe Entscheidungshilfmittel über die Notwendigkeit einer Simulation verwendet werden. Bei der ersten werden Schaubilder nach Simulationsergebnissen angefertigt, welche aus Simulationen häufig vorkommender Prozesse gewonnen wurden. Aus einer Sammlung solcher Schaubilder können Werte über kritische Parameterzusammensetzungen (beispielsweise zu erwartende Stillstandszeiten bei unzureichender Transportkapazität), Strukturauswirkungen (Anzahl von Maschinen, Lager- und Rüstplätze z.B.) oder/und Bearbeitungsdaten (Bearbeitungszeiten, Anzahl von Aufspannungen) für Typen flexibler Fertigungsysteme gewonnen werden. Solche Schaubilder sind in / 66 / aufgeführt.

Für flexible Fertigungssysteme, welche ähnliche Fertigungsprozesse aufweisen, kann aus den standardisierten Simulationsergebnissen auf das eigene Systemverhalten geschlossen werden. Wegen der ungenauen Abbildung des aktuellen flexiblen Fertigungssystems ist mit Hilfe eines solchen Schaubildes eine endgültige quantitative Aussage über den Fertigungsprozeß nicht möglich. Somit können die Ergebnisse nur bedingt zur Planung verwendet werden.

Liegt ein Maschinenbelegungsplan vor, so kann mit seiner Hilfe ein rechnerisches Kriterium angewendet werden. Es basiert auf

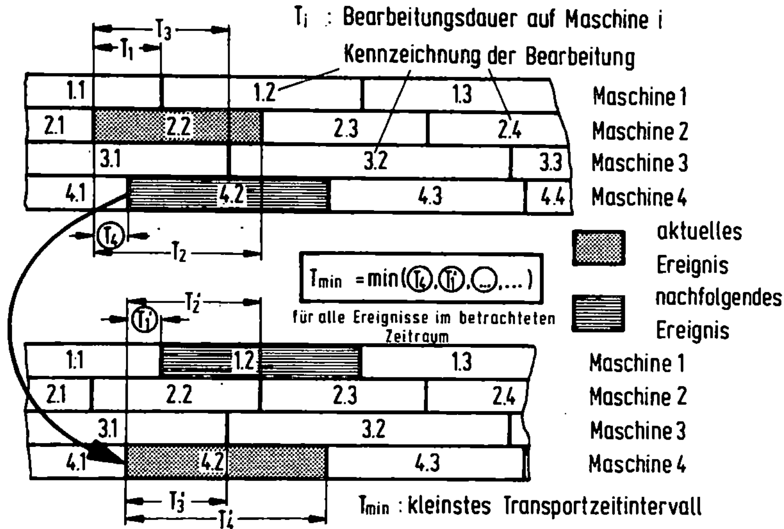

Bild 7.3 : Zeitpunktabhängige kleinste Zeitintervalle für Werkstücktauschvorgänge.

der Berechnung des kleinsten Zeitintervalls, das für einen Austausch von Transporteinheiten zur Verfügung steht. Unter einer Transporteinheit soll entweder ein einzelnes Werkstück oder mehrere zum Transport zusammengefaßte Werkstücke verstanden werden. Die Grundvoraussetzung ist, daß keine der Maschinen wegen eines fehlenden Werkstücks stillstehen darf. Bild 7.3 zeigt solche in Frage kommenden Zeitintervalle, wenn die Maschinenbelegung in Form eines Ganttdiagramms / 67 / aufgetragen ist.

Ein rechnerisches Kriterium kann zur Entscheidung, ob simuliert werden muß oder nicht, herangezogen werden. Es braucht nicht simuliert zu werden, wenn die Zeitdauer eines Austauschs zweier Transporteinheiten kürzer als das kleinste, für einen Austausch von Transporteinheiten zur Verfügung stehende Zeitintervall ist. Dieses Kriterium stellt eine notwendig Bedingung dar:

$$T_{min} = \min\left[\bigwedge_{p=1,\ldots,k} \bigwedge_{q=(p+1),\ldots,k} \bigwedge_{i=1,\ldots,n_p} \right. \tag{7.1}$$

$$\left. \bigwedge_{j=m_1,\ldots,m_2} [\, T_a^p + i\cdot t_B^p - T_a^q - i\cdot t_B^q \,]\,\right]$$

$$m_1 = \text{int}\left[\frac{T_a^p - T_a^q + i\cdot t_B^p}{t_B^q}\right]; \quad m_2 = m_1 + 1 \; ; \; i,j,k,n_i,p,q \in \mathbf{N}^+$$

$$n_i = \frac{t_{max}}{t_B^i}$$

T_{min} : kleinstes Transportzeitintervall, das für einen Austausch zweier Transporteinheiten zur Verfügung steht

T_a^p : Anfangszeitpunkt für Maschine p

t_{max} : betrachtete Zeitdauer der Fertigung

t_B^p : Zeitdauer, bis alle Werkstücke einer Transporteinheit auf der Maschine p gefertigt sind

k : Anzahl der Maschinen

Der Vergleich beider Möglichkeiten zeigt, daß die Berechnung des kleinsten Zeitintervalls für einen Werkstückaustausch einfacher vorzunehmen ist. Es ist sehr aufwendig, Schaubilder zu erstellen, welche die Einflüsse von Systemparametern vieler Strukturen flexibler Ferigungssysteme zeigen.

Ist eine Simulation unumgänglich, so fallen folgende Kosten an:

$$K_S = K_P + K_R + K_N \tag{7.2}$$

K_S : Gesamtkosten der Simulation

K_P : Personalkosten

K_R : Rechnerkosten

K_N : Nebenkosten (Papier, Datenträger usw.)

Die Personalkosten bilden den größten Anteil, gefolgt von den
Rechnerkosten. In der praktischen Anwendung kann davon aus-
gegangen werden, daß

$$K_P \approx (2 \ldots 5) \cdot K_R \qquad\qquad (7.3)$$

ist und K_N einen zu vernachlässigenden Beitrag bildet. Personalkosten entstehen während der Modellbildung, beim Experimentieren mit dem Modell und bei der Auswertung. Sie können
verringert werden, indem

- wiederverwendbare Teile von Modellen
  geschaffen werden,
- Bibliotheken von Programmen für häufig
  verwendete Komponenten flexibler Fertigungssysteme benutzt werden,
- rechnergestützt Ergebnisse aus Experimenten mit dem Simulationsmodell ausgewertet
  werden,
- Programmteile des Simulationsprogramms
  zur Anlagensteuerung in der realen
  Anlage benutzt werden.

Programme häufiger Komponenten flexibler Fertigungssysteme
sind Gegenstand von Kapitel 5.3.3. Es sind deshalb Möglichkeiten zu untersuchen, wie Simulationsergebnisse schnell und einfach ausgewertet werden können und wie die Simulation zur Entwicklung von Steuerprogrammen beitragen kann.

7.2 Auswertung von Simulationsergebnissen.

Simulationsergebnisse sind Meßwerte, die an ein bestimmtes
Modell gebunden sind. Meßwerte sind einerseits Zeitwerte (Be-
legzeiten von Speichern, Stillstandszeiten der Maschinen usw.)
und andererseits Mengenangaben (z.B. Anzahl transportierter
Werkstücke, Anzahl benutzter Speicherplätze). Den Einfluß einzelner Änderungen im Modell zeigt erst eine Folge von Meßwer-

ten. Außerdem genügt ein einziges Simulationsexperiment in der Regel nicht, ein flexibles Fertigungssystem zu beurteilen. Oft müssen aus den Meßwerten der Simulationsexperimente Kennzahlen ermittelt werden. Beispielsweise ist aus den Haupt- und Nebenzeiten der gefertigten Werkstücke der Auslastungsgrad einer Maschine zu berechnen:

$$G_a = \frac{\sum\limits_{i=1,\ldots,n} (t_H^i + t_N^i) \cdot m_i}{T_e - T_a} \cdot 100 \tag{7.2}$$

$i, n, m_i \in \mathbb{N}^+$

G_a : Auslastungsgrad (in Prozent)

t_H^i : Hauptzeit für die Werkstückart i

t_N^i : Nebenzeit für die Werkstückart i

m_i : Anzahl der innerhalb des Zeitintervalls $[T_a, T_e]$ von Werkstückart i gefertigten Werkstücke

n : Anzahl der verschiedenen Werkstückarten

T_a : Beginn der Fertigung im flexiblen Fertigungssystem

T_e : Ende der Fertigung im flexiblen Fertigungssystem

Im Simulationsmodell wird die Summe aller Haupt-und Nebenzeiten einer Maschine erfaßt. Für die Maschine muß der Auslastungsgrad aus den Meßwerten errechnet werden.

Aus den oben aufgeführten Gründen sind somit die Meßwerte aus Simulationsexperimenten auszuwerten. Dabei sind im mathematischen Sinne Paare aus Einflußgröße und zugehörigem Meßwert zu ermitteln. Die Einflußgröße und der Meßwert sind Zahlen, denen Einheiten zugeordnet sind (z.B. 1,2,3,4 Flurförderzeuge, wenn die Anzahl der Flurförderzeuge in einem Modell variiert wird). So ergibt sich nach mehreren Simulationsexperimenten eine Menge von Paaren, die geordnet dargestellt, den Einfluß eines Parameters oder einer Modelländerung übersichtlich wiedergeben. Tabellen und Schaubilder sind Formen, wie diese Menge dargestellt werden kann.

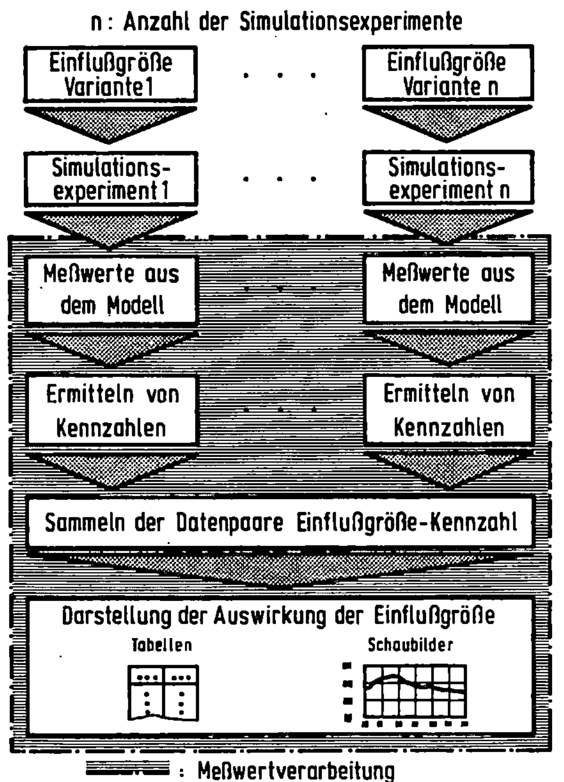

Bild 7.4 :
Auswertung von
Simulations-
experimenten

Die Auswertung kann manuell oder rechnergestützt erfolgen. Der
Ablauf der Auswertung ist für beide Arten gleich (Bild 7.4).
Da die Simulationsexperimente in zeitlich unterschiedlicher
Folge durchgeführt werden, ist es notwendig, die Meßwerte zu
speichern. Bei der manuellen Auswertung sind Rechnerausdrucke
zu sammeln, bei der rechnergestützten Auswertung sind alle
Meßwerte auf Speichermedien (Disketten, Plattenspeicher, Mag-
netband usw.) festzuhalten.

Im Simulationsmodell befinden sich meist mehrere Meßstellen,
damit die Reaktion verschiedener Komponenten des flexiblen
Fertigungssystems auf die Einflußgrößen gemessen werden kann.

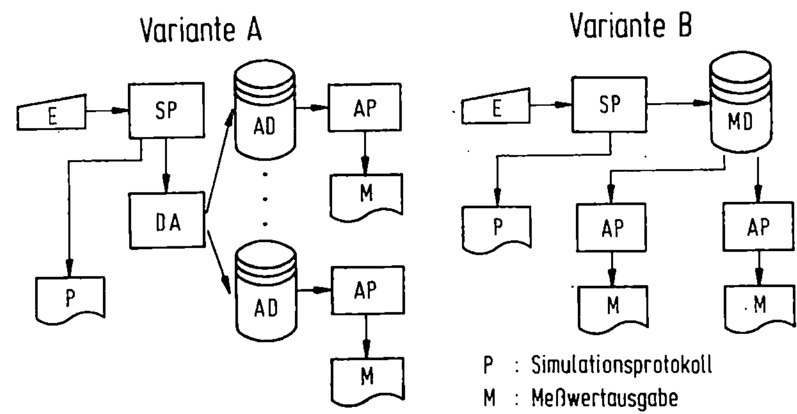

SP : Simulationsprogramm
AP : Meßwertausgabeprogramm
DA : Ausgabeprogramm für AD-Dateien

P : Simulationsprotokoll
M : Meßwertausgabe
E : Eingabe von Einflußgrößen
AD : einflußgrößenbezogene Dateien
MD : zentrale Meßwertdatei

Bild 7.5 : Möglichkeiten der rechnergestützten Auswertung von
Meßergebnissen bei Simulationsexperimenten.

Um rechnergestützt die Auswirkung der Einflußgröße für alle
Systemkomponenten aufzeigen zu können, gibt es grundsätzlich
zwei verschiedene Möglichkeiten der Datenspeicherung (Bild
7.5).

Bei der Variante A werden die Meßwerte in einem Programm aufbereitet und die darzustellenden Paare Einflußgröße - Kenn-
zahl in verschiedenen Dateien festgehalten. Dagegen werden bei
Variante B alle gemessenen Meßwerte in einer zentralen Datei
gespeichert. Diese Datei wird später von verschiedenen Auswerteprogrammen benutzt. Der Aufwand in der Dateiverwaltung ist
bei der Variante B geringer. Vorteilhaft ist außerdem, daß für
alle Auswertungen Daten im gleichen Format vorliegen. Außerdem
beansprucht die Variante B weniger Speicherplatz als die Variante A, weil die Speicherplatzverwaltung nur für eine ein-
zige Datei durchgeführt werden muß. Somit ist Variante B vorteilhafter als Variante A.

8 Simulation als Testumgebung bei der Entwicklung von Steuerprogrammen.

Während des Aufbaus eines flexiblen Fertigungssystems müssen
die Programme der Steuerung getestet werden. Ihr Wirken auf
Komponenten der Anlage und auf den gesamten Fertigungsprozeß
kann erst dann vollständig überprüft werden, wenn die Funktionseinheiten der Steuerung aufgebaut sind. Dadurch ist der
Test von Steuerprogrammen beim Aufbau einer Anlage immer nur
in der letzten Aufbauphase möglich.

Bei der Simulation eines flexiblen Fertigungssystems müssen
Teile der Steuerprogramme der Anlage nachgebildet werden. Verwendet man in einem Modell Programme oder Programmteile, mit
denen auch später das aufzubauende Fertigungssystem gesteuert
wird, so erhöht sich die Abbildungsgenauigkeit der Simulation.
Gleichzeitig wird das Modell damit auch zu einem Hilfsmittel,
mit dem Steuerprogramme anlagenunabhängig getestet werden können. Die Erfahrungen, welche aus dem Experimentieren in einer
solchen Testumgebung gewonnen werden, führen zu einer Fehler-
verringerung in den Steuerprogrammen.

Nicht allein die Qualität des Modells und/oder der Steuerprogramme läßt sich auf diese Weise verbessern, sondern es können
auch Kosten eingespart werden (vgl. Kap. 7.1). Die Abbildung
der Steuerung in einem Simulationsprogramm ist meist zweckge-
bunden vereinfacht. Der Aufwand zur Abbildung der realen Steuerprogramme in der vereinfachten Ausführung eines Simulationsmodells beträgt immerhin (50 ... 70) Prozent des gesamten Mo-
dellbildungsaufwandes für eine Simulation. Wenn Steuerprogramme im Simulationsprogramm verwendet werden können, verringert
er sich auf (20 ... 30) Prozent. Allerdings muß das Prozeß-
modell derart gestaltet werden, daß das Simulationsprogramm
mit den Steuerprogrammen korrespondieren kann. Deswegen ist
keine weitere Senkung des Aufwandes bei dieser Art der Simulation durch zusätzliche Maßnahmen zu erwirken. Die angegebenen Werte wurden durch Analyse des Aufwandes bei mehreren Si-

mulationen flexibler Fertigungssysteme gefunden. Es handelte
sich bei diesen Programmen ausschließlich um individuelle Modelle. Ergebnisse einiger dieser Simulationen wurden bereits
veröffentlicht / 68 , 69 /.

8.1 In das Simulationsmodell integrierbare Steuerprogramme.

Die Informationsverarbeitungsaufgaben in flexiblen Fertigungssystemen sind sehr vielfältig. In / 70 / sind diese Aufgaben
in Form einer Matrix zusammengestellt worden (Bild 8.1).

Zur Prozeßsteuerung müssen Steuerprogramme für den Prozeßrechner erstellt werden. Einige dieser Programme können mit einem
Simulationsmodell zusammenwirken, bei anderen ist es nicht
sinnvoll oder sogar unmöglich.

Steuerungsebene \ Aufgaben	Durchführung des Bearbeitungsprozesses	Organisation und Steuerung des Materialflusses	Erfassung und Verarbeitung von Betriebsdaten
Fertigungsvorbereitung (Betriebsrechner)	Fertigungsplanung	Fertigungssteuerung	Innerbetriebliches Informationssystem
Prozeßsteuerung (Prozeßrechner)	DNC-System -NC-Programmverwaltung -NC-Datenverteilung	Organisatorische Steuerung -Fertigungsführung -Materialflußsteuerung	Betriebsdatenerfassung auf Prozeßebene -Erfassen der Daten -Verarbeiten der Daten
Gerätesteuerung (Dezentrale Prozessoren, Schaltungen)	Abarbeiten der NC-Daten	Abarbeiten der Transportsteuerdaten	Manuelles, teilautomatisiertes Erfassen von Betriebsdaten auf Gerätesteuerebene

Für das Zusammenwirken mit dem Simulationsmodell: ▨ teilweise geeignet ▧ geeignet

Bild 8.1 : Matrix der Informationsverarbeitungsaufgaben für
flexible Fertigungssysteme nach / 70 /.

Funktionen des DNC-Systemes in der NC-Programmverwaltung sind
/ 70 /:

- Einlesen, Abspeichern, Ausgeben, Kopieren,
  Protokollieren, Löschen von NC-Programmen;
- Führen eines NC-Programm-Verzeichnisses;
- Suchen von NC-Programmen;
- Sperren, Freigeben von NC-Programmen;
- Sichern von Daten;
- Komprimieren von Daten;
- NC-Daten-Korrektur (permanent).

Alle diese Tätigkeiten wirken nicht direkt auf den Prozeß in
der Maschine ein. Sie werden erst beim manuellen Erstellen,
Ändern und Löschen von NC-Programmen und für die NC-Datenverteilung benötigt. In der Regel sind die NC-Datenverteilung und
die NC-Programmverwaltung nicht Gegenstand einer Simulation.
Einzelne Bearbeitungsschritte in der Maschine werden ebenfalls nicht simuliert, denn es wird die Verweildauer eines
Werkstückes auf der Maschine abgebildet.

Programme der organisatorischen Steuerung eines flexiblen Fertigungssystemes eignen sich eher zum Gebrauch im Simulationsmodell. Sie bewältigen im wesentlichen folgende Aufgaben, die
teilweise auch Bestandteile eines Simulationsprogramms sein
müssen:

- Übernehmen von Fertigungsaufträgen;
- Vorgabe von Arbeitsgängen je Arbeitsstation;
- Feindisposition (Abarbeiten des Belegplanes
  nach vorgegebenen Zielkriterien);
- Umdisposition (Ausregeln von Störungen);
- Überwachung (Fertigungsablauf, Verfügbar-
  keit).

Damit die Fertigung nach den Vorgaben der Fertigungsführung
ablaufen kann, müssen die Steuerprogramme Arbeitsvorgänge verwalten. Aus der zeitlichen Reihenfolge der Arbeitsgänge ergeben sich die Transportvorgänge. Zur Unterstützung der plane-
rischen Algorithmen in den Steuerprogrammen ist von der Materialflußsteuerung ein Systemabbild zu führen, das die Zustände
der Komponenten eines flexiblen Fertigungssystemes enthält.

Bei der realen Steuerung eines flexiblen Fertigungssystemes
findet ein Datenaustausch zwischen der Materialflußsteuerung
und der Gerätesteuerung statt. Dieser Datenaustausch ist im
Simulationsprogramm entsprechend nachzubilden. Ebenso können
die Betriebsdaten nur aus dem Fertigungsprozeß gewonnen werden. Bei der Simulation muß das Modell die Daten für die organisatorische Steuerung und die Betriebsdatenerfassung be-
reitstellen.

8.2 Strukturen von Testumgebungen für Steuerprogramme.

Eine Testumgebung für Steuerprogramme sind Programme, die Prozesse und Prozeßsteuerungen nachbilden und anstatt der realen
Anlagensteuerung von den zu prüfenden Steuerprogrammen gesteuert werden. Für das Zusammenwirken der Programme einer Testumgebung lassen sich zwei verschiedene fundamentale Möglichkeiten
angeben. Bei der ersten sind die Programme von Fertigungsfüh-

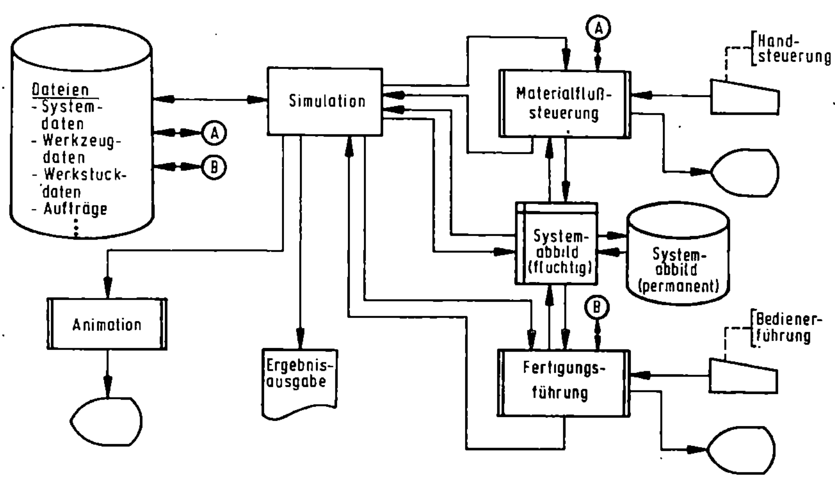

Bild 8.2 : Strukturvariante 1 für das Zusammenwirken von
Steuerprogrammen mit einem Simulationsprogramm.

rung und Materialflußsteuerung Unterabläufe im Simulationsprogramm (Bild 8.2). Diese Variante benötigt kein Rechnerbetriebs-
system, mit dem mehrere Programme gleichzeitig oder nebenläufig
abgearbeitet werden können.

Bei der zweiten Programmstruktur (Bild 8.3) ist ein solches
Betriebssystem notwendig. Die Programme der Fertigungsführung
und der Materialflußsteuerung sowie das Simulationsprogramm
laufen im Rechner als eigenständige Programme (Tasks) ab. Sie
tauschen Daten über Arbeitsspeicherbereiche des Rechners aus
und aktivieren oder deaktivieren sich gegenseitig.

Der Aufbau von Strukturvariante 2 ist wirklichkeitsgetreuer
als derjenige von Strukturvariante 1. Die Programme der Steuerung müssen nicht oder nur wenig abgeändert werden. Es lassen
sich noch weitere Strukturvarianten aus den beiden fundamentalen entwickeln. Beispielsweise kann die Materialflußsteuerung
als Unterablauf in das Simulationsprogramm integriert werden.

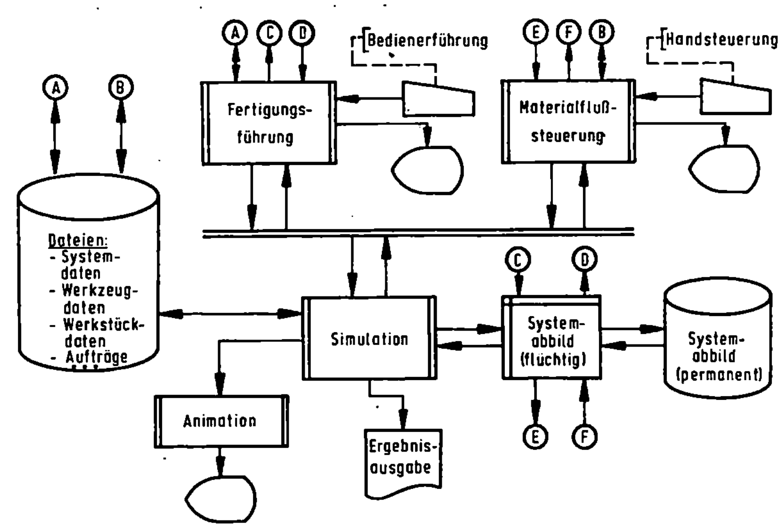

Bild 8.3 : Strukturvariante 2 für das Zusammenwirken von
Steuerprogrammen mit einem Simulationsprogramm.

Die Programme der Fertigungsführung bleiben jedoch, wie in der Strukturvariante 2, selbständige Programme.

Insgesamt gesehen ist möglichst Strukturvariante 2 vorzuziehen, weil die Steuerprogramme dort am wenigsten zu verändern sind. Dadurch lassen sich leichter Bibliotheksprogramme verwenden, und somit verringert sich der Aufwand zur Simulation.

8.3 Zeitkoordinierung.

Wirken die Programme eines Simulationsmodells im Rechner nebenläufig, so dürfen die Ausführungszeiten einzelner Programme die Prozeßabbildung nicht verfälschen. Die Schwierigkeit besteht darin, die Prozeßsteuerung derart in das Modell einzubinden, daß die Simulationszeituhr während der Berechnung einer Steuerungsfunktion angehalten oder einen zulässigen Zeitschritt weitergestellt wird. Um einen solchen Abbildungsfehler zu vermeiden können zwei Koordinierungsfunktionen im Modell verwendet werden.

Der prozeßabbildende Teil des Simulationsmodells kann solange angehalten werden, bis die Steuerprogramme den weiteren Programmablauf gestatten. Die Voraussetzung dafür ist, daß die Zeitspanne der Reaktion der Steuerprogramme viel kleiner als das kürzeste Zeitintervall in der Simulationszeituhr ist. Wird die Simulationszeituhr weitergestellt, während ein Steuerprogramm tätig ist, so gibt es eine Zeitverschiebung zwischen der Prozeßsteuerung und der Prozeßabbildung. Bei der zweiten Art einer Zeitkoordinierung wird diese Fehlerquelle dadurch umgangen, daß die Simulationszeituhr während der Tätigkeit des Steuerprogramms mit der Echtzeituhr gekoppelt wird. Dies läßt sich leicht programmieren, da die meisten Rechenanlagen über eine interne Echtzeitdarstellung verfügen. Die Uhr kann vom Programm abgefragt werden.

Vergleicht man beide Möglichkeiten, so ist die erste einfacher zu programmieren. Sobald jedoch eine Steuerfunktion anfällt,

bei welcher der Fertigungsprozeß unabhängig weiterläuft und
die geraume Zeit in Anspruch nehmen kann (z. B. bei einer Be-
dienereingabe), muß der Zeitfortschritt im Prozeß berücksichtigt werden. Dies läßt sich aber nur auf der Basis der Echt-
zeit verwirklichen.

9 Simulation mit dem Simulationssystem SIKTAS.

SIKTAS (Simulation komplexer technischer Anlagen und Systeme)
ist ein Simulationssystem, bei dessen Entwicklung die Anforderungen aus Kapitel 3 berücksichtigt und die Ergebnisse der Abschnitte 4, 5 und 6 zugrundegelegt wurden. Es besteht aus einer Programmbibliothek mit 15 Grundprogrammen zur Prozeßbeschreibung und 12 Programmen zur Simulation häufig anzutreffender Komponenten flexibler Fertigungssysteme. Die Programme sind sowohl in FORTRAN als auch PASCAL geschrieben. Unabhängig von der Programmiersprache werden die Simulationsmodelle mit dem in Kapitel 4 entwickelten Simulationsgraphen entworfen. SIKTAS wurde bei der Planung mehrerer flexibler Fertigungssysteme der Industrie praktisch erprobt / 72 , 73 , 74 /. Anhand einer ausgeführten Simulationsaufgabe soll eine Simulation mit SIKTAS beispielhaft aufgezeigt werden. Einzelheiten zur Simulation mit SIKTAS sind / 48 / zu entnehmen.

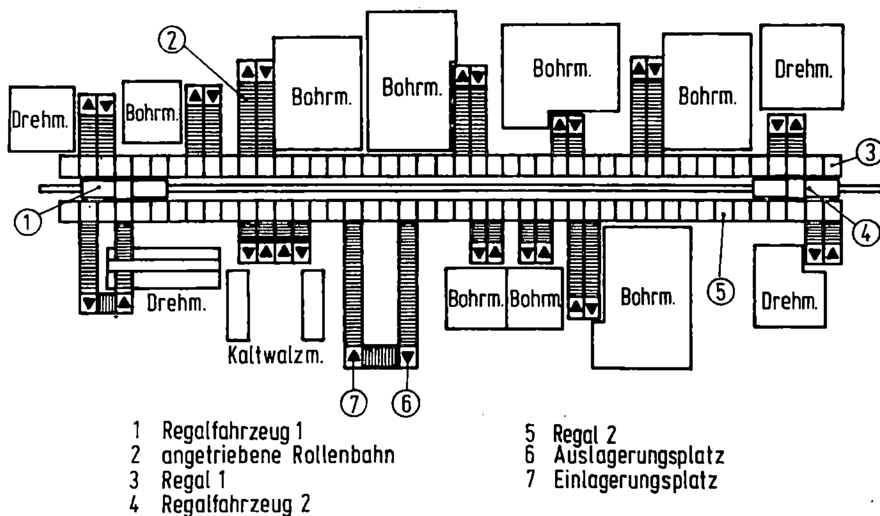

1 Regalfahrzeug 1
2 angetriebene Rollenbahn
3 Regal 1
4 Regalfahrzeug 2

5 Regal 2
6 Auslagerungsplatz
7 Einlagerungsplatz

Bohrm.: Bohrmaschine   Drehm.: Drehmaschine   Kaltwalzm.: Kaltwalzmaschine

Bild 9.1 : Flexibles Fertigungssystem für die Fertigung von Antriebswellen.

9.1 Beispiel einer Aufgabenstellung.

Bild 9.1 zeigt das flexible Fertigungssystem, für das die darin stattfindenden Prozesse simuliert wurden. Mit dieser Anlage sollen drei verschiedene Teilefamilien gefertigt werden, für die vorwiegend Bohr- und Drehbearbeitungen anfallen. Innerhalb einer Teilefamilie unterscheiden sich die Werkstücke in ihrer Geometrie, so daß eine Vielzahl verschiedener Werkstücke bearbeitet werden muß.

Einige der Stationen können jeweils einer Teilefamilie zugeordnet werden. Auf den verbleibenden Stationen werden Werkstücke aller Teilefamilien bearbeitet. Bevor ein neues Los auf einer Maschine gefertigt werden kann, muß sie zuerst umgerüstet werden. Zum Umrüsten ist eine Palette mit Werkstücken des neuen Loses an der umzurüstenden Station bereitzustellen.

Die Werkstücke liegen geordnet auf Paletten, die je nach Werkstückart unterschiedliche Mengen von Werkstücken aufnehmen. Alle Paletten werden am Einlagerungsplatz mit Werkstücken belegt. Sie fahren über eine Rollenbahn zu einem Regalfach, das dem Einlagerungsplatz zugeordnet ist. Eines von zwei Regalfahrzeugen befördert die Palette zu einem anderen Regalfach. Dieses Regalfach kann der Anfang einer Rollenbahn sein, auf der die Palette zur Bearbeitungsstation fährt. Die Rollenbahn endet an einem Hubtisch, von dem aus die Maschinen beschickt werden. Vorerst werden die Werkstücke den Maschinen teilweise manuell zugeführt. In einer späteren Ausbaustufe ist ein vollautomatischer Betrieb der Anlage vorgesehen.

Fertig bearbeitete Werkstücke werden auf derselben Palette, von der sie zur Bearbeitung entnommen worden waren, vor der Auslagerungsrollenbahn gesammelt. Ist eine Palette abgearbeitet, so wird sie auf die Ausgangsrollenbahn geschoben und fährt anschließend zum Ausgabeplatz im Regal. Von diesem Platz holt sie ein Regalförderzeug ab und befördert sie zu einem Eingabeplatz einer Station oder, wenn sie zwischengelagert

werden muß, zu einem freien Regalfach. Ist ein Los im System
vollständig abgearbeitet worden, so werden die Werkstücke des
Loses zu Auslagerungsrollenbahn gefahren und die Paletten ver-
lassen die Anlage.

Zum Speichern der Paletten stehen zwei Regale mit jeweils 450
Speicherplätzen zur Verfügung. Durch Simulationsexperimente
sollte herausgefunden werden können, ob die Speicherkapazität
der Regale für die Fertigung ausreicht und ob die Maschinen
durch zwei Regalfahrzeuge ausreichend versorgt werden. Um einen Vergleich der Wirtschaftlichkeit gegenüber alternativen
Anlagenkonzepten durchführen zu können, war als Simulationsergebnis außerdem die Durchlaufzeit der Aufträge in der Anlage
verlangt.

9.2 Struktur des Simulationsmodelles in diesem Beispiel.

Das Modell ist entsprechend der Strukturvariante 2 (Kap. 8.2)
ausgeführt. Weil vom Materialflußsteuerprogramm die Transport-
aufträge an zwei Regalfahrzeuge zu verteilen sind, mußten die
Aufträge in den einzelnen Programmen zwischengespeichert werden (Bild 9.2). In diesen Auftragswarteschlangen werden Aufträge, die durch eine gegenseitige Behinderung der Regalfahrzeuge temporär nicht ausgeführt werden können, zurückgestellt.
Bei dem ausgeführten Modell laufen 5 Programme nebeneinander
im Rechner, welche über Routinen des Betriebssystems miteinander kommunizieren. Es wurde zwar für einen Rechner VAX 11/780
entwickelt, jedoch bieten andere Rechner in ihren Betriebssy-
stemen ähnliche Routinen an, so daß die Art der Kommunikation
zwischen den Steuerprogrammen leicht zu übertragen ist.

Das Systemabbild, in dem der simulierte Zustand des flexiblen
Fertigungssystemes festgehalten wird, befindet sich in einem
Speicherbereich des Rechners, auf den alle beteiligten Programme zugreifen können. Während der Modellentwicklung hat es
sich gezeigt, daß derartige Speicherbereiche zum Ablegen von

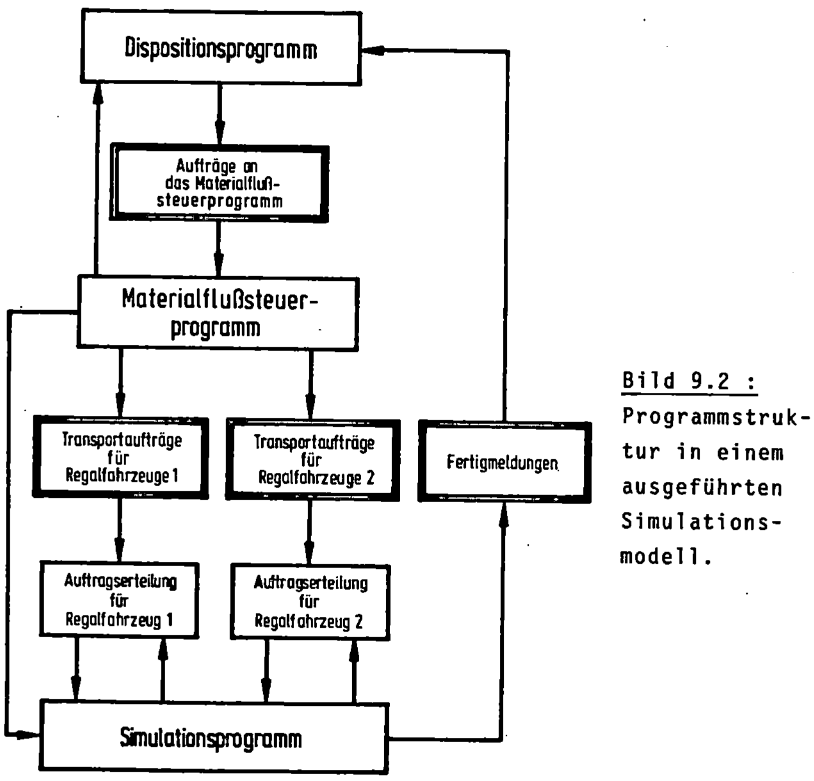

<u>Bild 9.2 :</u>
Programmstruktur in einem ausgeführten Simulationsmodell.

Daten gut geeignet sind, jedoch für eine Nachrichtenübertragung möglichst vermieden werden sollten. Infolge der hohen Frequenz der Datenübertragungen während der Simulation können Überschneidungen beim Zugriff auf einzelne Daten vorkommen. Daraus ergibt sich eine fehlerhafte Datenmenge, so daß die übertragene Information falsch ist.

Die Art der Werkstückzufuhr an den Stationen der zu simulierenden Anlage ist für flexible Fertigungssysteme nicht üblich. Aus diesem Grunde konnte auf keines der SIKTAS-Standardmoduln zurückgegriffen werden, sondern es mußte ein neues Unterprogramm aus den SIKTAS-Grundmoduln zusammengestellt werden. Mit diesem Modul werden die Bewegungen der Paletten im Bereich einer Bearbeitungsstation simuliert. Der Durchlauf einer Palette

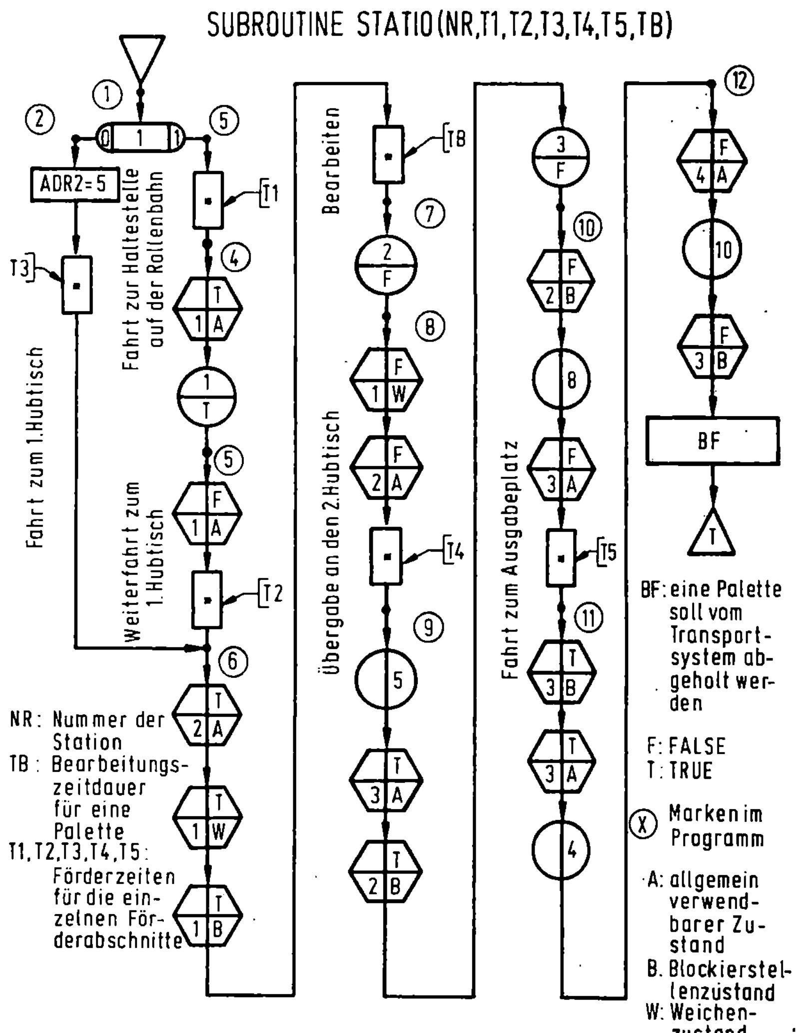

Bild 9.3 : Simulationsgraph einer Bearbeitungsstation in einer ausgeführten Simulationsaufgabe (als Beispiel).

ist ein Wechselspiel zwischen Halten und Fahren. Eine Palette
steht still, wenn sie durch eine vorausgegangene Palette behindert wird oder wenn die sich auf ihr befindenden Werkstücke
bearbeitet werden. Sie hält immer auf dem Hubtisch, der sich
am Ende der Eingangsrollenbahn befindet. Wird sie durch eine
vorausgegangene Palette an ihrer Fortbewegung behindert, so
bleibt sie an einem definierten Ort stehen. Solche Orte sind
der Regalplatz am vorderen Ende der Eingangsrollenbahn, ein
Platz auf der Mitte der Eingangsrollenbahn, der Hubtisch vor
der Ausgangsrollenbahn und der Regalplatz, in den die Ausgangsrollenbahn mündet. Alle diese Haltestellen, die Bewegungen da-
zwischen und die Bearbeitung auf der Maschine werden durch den
Simulationsgraphen Bild 9.3 beschrieben. Er soll an dieser
Stelle exemplarisch als ein Beispiel der Modellentwicklung bei
dem Simulationssystem SIKTAS dienen. Die Kenngrößen in den
Symbolen werden in / 48 / ausführlich beschrieben. Mit der

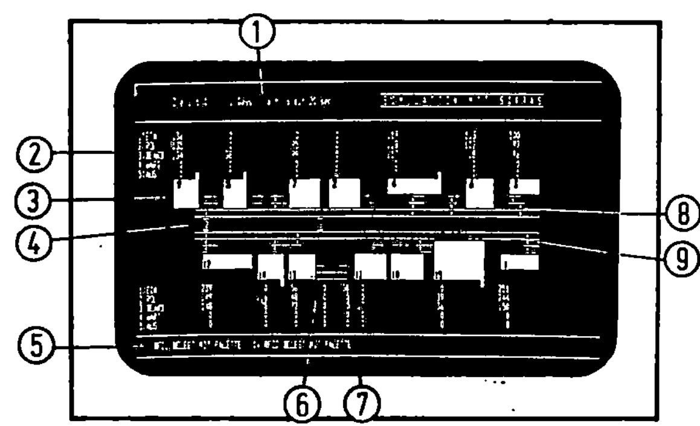

1: simulierter Zeitpunkt
2: Inhaltsangabe für maschinen-
   nahe Palettenspeicher
3: Station
4: Regalfahrzeug
5: Status der Regalfahrzeuge
6: Einlagerungsplatz
7: Auslagerungsplatz
8: Rollenbahn
9: Regal

Bild 9.4 : Momentaufnahme aus der Animation während eines
           Simulationsexperimentes.

dort angegebenen Beschreibung der Kenngrößen und der zugehörigen Symbole kann dieses Beispiel leicht nachvollzogen werden.
Die vorliegende Arbeit soll zeigen, wie Simulationssysteme entwickelt werden können. Sie soll keine Anleitung zur Simulation
mit SIKTAS sein, weshalb auf obiges Beispiel nicht näher eingegangen wird.

9.3 Ergebnisse aus Simulationsexperimenten

Der Test von Modellen erfolgt meist in verschiedenen Stufen.
Dazu wird für die Modellkontrolle bei einzelnen Programmbausteinen das im Simulationssystem verfügbare Ablaufprotokoll
verwendet. Der streng modulare Aufbau des Simulationssystems
erleichtert den Test, da nur neu erstellte Moduln in dieser Weise untersucht werden müssen. Das Zusammenwirken aller
Moduln wird mit einem Protokoll, das nur noch wichtige Ereignisse wiedergibt, sowie mit Hilfe von Animation (Bild 9.4)
verfolgt. Am häufigsten wurden durch solche Tests bei ausge-

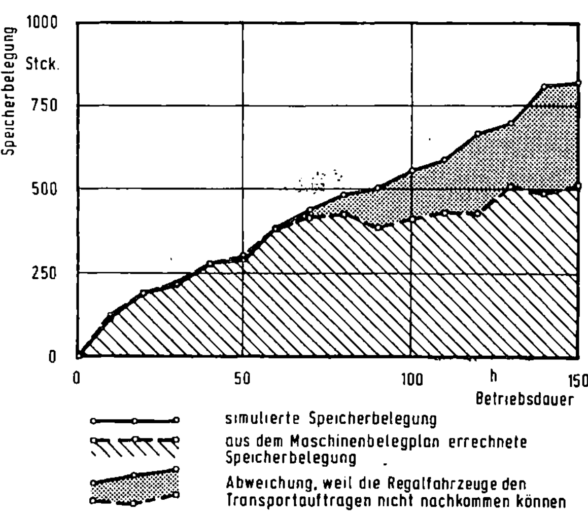

Bild 9.5 : Simulationsergebnis aus einem ausgeführten
Simulationsexperiment.

führten Simulationsmodellen fehlerhafte Steuerprogramme, sel-
tener eine ungenaue Prozeßabbildung, gefunden.

SIKTAS verfügt über Grundmoduln zum Messen der Auslastung von
Systemkomponenten und zum Zählen von Zu- und Abgängen von be-
weglichen Systemelementen innerhalb einer Meßstrecke. Summa-
risch wiedergegebene Meßwerte reichen oft nicht aus, wenn die
Prozesse innerhalb eines Systems beurteilt werden sollen. Ist
eine zeitabhängige Darstellung von Meßwerten erforderlich, so
werden bei der Simulation mit SIKTAS Dateien errichtet. Der
Inhalt einer solchen Datei (siehe Kap. 7.2) ist formatgebunden
und kann von verschiedenen Auswerteprogrammen benutzt werden.
Bild 9.5 zeigt beispielhaft, wie sich der Regalinhalt in den
Regalen des flexiblen Fertigungssystemes nach Kap. 9.1 während
der Produktion verändert. Weitere Ergebnisse aus anderen An-
wendungsfällen sind in / 72 , 73 / aufgeführt.

9.4 Hinweise auf weitere Anwendungsbeispiele und Erfahrungen.

Mit Hilfe des Simulationsprogrammiersystems SIKTAS wurden auch
Prozesse simuliert, die nicht in flexiblen Fertigungssystemen
ablaufen. Es handelte sich dabei um Prozesse in einem Gießerei-
betrieb, in einer Werkstattfertigung, in einer Anlage zum
Schweißen von Karosserieteilen und in einem Steuerungssystem,
in dem mehrere Mikroprozessoren dieselben Daten- und Steuer-
leitungen (Systembus) benutzen.

Die Prozesse des Gießereibetriebs und der Werkstattfertigung
konnten nur vereinfacht abgebildet werden, weil für diese Anlagen zum Zeitpunkt der Aufgabenstellung die entgültige Zusam-
mensetzung ihrer Elemente nicht bekannt war. Es konnte auch
nicht auf vorgefertigte Bausteine des Simulationsprogrammiersystems SIKTAS zurückgegriffen werden, welche häufige Prozesse
in flexiblen Fertigungssystemen abbilden. Alle Prozesse in den
beiden Anlagen waren keine für flexible Fertigungssysteme ty-
pische Prozesse. Die Ergebnisse aus den durchgeführten Simulationsexperimenten waren dementsprechend nicht zufriedenstellend. Der Prozeßverlauf kann aufgrund von Simulationsergebnis-

sen eindeutig aufgezeigt werden, wenn das Simulationsmodell
deterministisch beschreibbare Prozesse abbildet. Dies war bei
dem groben Modell nicht mehr möglich, weil ein stochastischer
Prozeßverlauf simuliert wurde. Der Gültigkeitsbereich der Abbildung ist bei solchen stochastisch beschreibenden Modellen im
voraus schwierig abzugrenzen. Deshalb wird dieser Nachteil die
Anwendung grob abbildender Simulationsmodelle in Zukunft auch
weiterhin einschränken.

Ganz anders dagegen waren die Erfahrungen bei den Simulationen
der Prozesse in der Schweißanlage und in dem Steuerungssystem.
Die Prozesse in der Schweißanlage konnten deterministisch beschrieben werden. Auch die Prozesse des Steuerungssystems waren
detailliert vorgegeben, weil das Zeit- und Zustandsverhalten
der Bauteile aus den zugehörigen Informationsunterlagen entnommen werden konnte. Die aus diesen Modellen stammenden Simulationsergebnisse waren aussagekräftig. Spätere Messungen in dem
Steuerungssystem zeigten beispielsweise, daß die Belastung des
Systembusses durch die Anforderungen der teilnehmenden Mikroprozessoren den Erkenntnissen aus den Simulationsexperimenten
entsprach. Bei dieser Simulationsaufgabe konnte allerdings
nicht auf die vorgefertigten Programmbausteine von SIKTAS zurückgegriffen werden, welche häufig vorkommende Prozesse in
flexiblen Fertigungssystemen abbilden. Das Steuerungssystem
enthielt keine für flexible Fertigungssysteme typischen Prozesse. Jedoch konnten die fundamentalen Prozeßbeschreibungselemente von SIKTAS eingesetzt werden, deren Anwendung in / 48 /
ausführlich gezeigt wird.

10 <u>Ausblick auf weiterführende Arbeiten.</u>

Zukünftig stehen einerseits der Ausbau des Simulationssystems
hinsichtlich neuer Anwendungsgebiete und andererseits die Vereinfachung der Modellerstellung durch Standardisierungen an.
Im Bereich des Werkzeugwesens wurden erste Simulationsstudien
mit Hilfe von SIKTAS schon gemacht / 75 /. Es fehlen jetzt
Moduln, mit denen Werkzeugflußsysteme einfacher zu beschreiben sind. Die große Menge von Werkzeugen in Fertigungssystemen
und die umfangreiche Datenmenge zur Kennzeichnung der Werkzeuge stellen hohe Anforderungen, wenn Werkzeugflußsysteme simuliert werden sollen. Zum einen müssen viele bewegliche Systemkomponenten abgebildet werden (ein einzelnes Werkzeug ist eine
bewegliche Systemkomponente) und zum anderen sind die Kennwer-
te der Werkzeuge zu verwalten. So entsteht der Zwang, Daten-
banksysteme mit einem Simulationsmodell zu koppeln, weil Da-
tenbanken zur Verwaltung der Werkzeugdaten geeignet sind.

Die flexible Fertigung erfordert vielfach eine angegliederte
flexible Montage der gefertigten Teile. Die dabei anstehenden
Entwicklungsaufgaben ähneln jedoch denen flexibler Fertigungssysteme. So wird das Zeitverhalten von komplexen Montagesystemen zukünftig nicht mehr analytisch zu berechnen sein, so daß
simuliert werden muß. In diesem Zusammenhang wäre zu untersuchen, ob bei Montagesystemen eine neuartige Simulationstechnik
angewendet werden kann, bei welcher das Simulationsmodell Prozesse nicht von der Gegenwart in die Zukunft sondern von der
Zukunft in die Gegenwart abbildet. Mit einer derartigen Simulation kann das termingerechte Zusammenführen der Werkstücke
zur Montage als Ausgangsbedingung im Modell definiert werden,
so daß im Vergleich mit der herkömmlichen Art der Simulation
weniger Simulationsexperimente durchzuführen sind. Bei der
herkömmlichen Art der Simulation ist der zukünftig zu errei-
chende Systemzustand nur durch eine iterative Vorgehensweise
zu finden, bei der das Simulationsmodell und/oder seine Parameter solange verändert werden, bis der geforderte Endzustand
eines Systems gefunden ist.

Die Übertragbarkeit eines Simulationssystems sollte durch
Standardisierung noch weiter vereinfacht werden. Vor allem
sollten Graphikschnittstellen und Datenschnittstellen verein-
heitlicht werden. Dazu ist das angrenzende Umfeld zur Simulation (CAD,CAM,CAE,CAP,Steuerungssoftware) zu beachten. Wird
Simulation besonders auch als Testumgebung für Steuerungssoftware verstanden, so ist eine Standardisierung im Bereich der
Rechnerbetriebssysteme vorteilhaft. Da sich für kleinere und
mittlere Rechnersysteme zur Zeit das Betriebsystem UNIX / 76 /
immer mehr durchsetzt, könnte auf dieser Basis ein modulares
Steuerungssystem für flexible und komplexe Anlagen entwickelt
werden, das mit einem ebenso modular aufgebauten Simulationssystem auf der Grundlage von SIKTAS zusammenwirkt.

Soll Simulation als effiziente Testumgebung für Steuerprogramme eingesetzt werden, so muß das Simulationsprogrammsystem
in einer Programmiersprache geschrieben werden, die sich auch
für Steuerprogramme eignet. Dadurch können Simulationsmodelle
in die Steuerung integriert werden und beispielsweise die organisatorische Planung des Fertigungsablaufs unterstützen. Wird
das Betriebssystem UNIX zukünftig stärker eingesetzt, so wird
auch die Programmiersprache C / 77 / eine bedeutende Rolle als
Programmiersprache für Steuerungssoftware spielen. In diesem
Falle ist es notwendig, ein Simulationsprogrammiersystem in C
zu entwickeln.

11 Zusammenfassung.

Zur Planung flexibler Fertigungssysteme sind Simulationssprachen bzw. -programmiersysteme entwickelt worden. Simulationsmodelle können aber nicht nur für die Planung, sondern auch zum Test für Steuerprogramme eingesetzt werden. Für diesen neuartigen Einsatzbereich sind die Prozesse im Modell bis ins Detail abzubilden. Die in einem flexiblen Fertigungssystem ablaufende Prozesse können durch eine Simulationssprache oder ein Simulationsprogrammiersystem nur dann detailliert abgebildet werden, wenn ein individuelles Modell der Prozesse erstellt wird. Weiterhin muß für den praktischen Einsatz eines Simulationsprogrammiersystems oder einer Simulationssprache gefordert werden, daß das Modell leicht zu entwickeln ist und daß Simulationen auf möglichst vielen verschiedenen Rechnern durchgeführt werden können.

Die bisher entwickelten Simulationssprachen und -programmiersysteme erfüllen die oben genannten Forderungen nicht. Dieser Umstand führte dazu, daß ein modulares Simulationsprogrammiersystem entwickelt wurde, mit dem vorwiegend die Fertigungsprozesse in flexiblen Fertigungssystemen simuliert werden können. Dieses Simulationsprogrammiersystem erfüllt die Anforderungen, welche aufgrund einer Analyse geplanter und realisierter flexibler Fertigungssysteme gefunden wurde, und kann sowohl zur Planung flexibler Fertigungssysteme als auch zum Test von Steuerprogrammen eingesetzt werden.

Die kleinste, in einem Simulationsmodell abzubildende Einheit eines Prozesses ist der Prozeßabschnitt. Aus ihm lassen sich die nächstgrößeren Einheiten - der unbeeinflußbare Teilprozeß und der steuerbare Teilprozeß - aufbauen, welche wiederum im das Gefüge des gesamten abzubildenden Prozesses eingebunden werden. Diese Grundelemente eines Prozesses sind die Basis der Prozeßbeschreibung im Simulationsprogrammiersystem.

Um die Modellerstellung zu erleichtern, wurde eine Methode der Prozeßbeschreibung entwickelt, bei der ein graphisches Hilfsmittel verwendet wird. Mit dem Simulationsgraphen, der sich als Programmiervorlage eignet und gleichzeitig das Modell dokumentiert, lassen sich Prozesse übersichtlich darstellen.

Der Programmtest ist bei individuell erstellten Simulationsmodellen besonders wichtig. Die Vorgänge im Simulationsmodell werden zur Überprüfung schriftlich protokolliert oder besonders anschaulich durch Animation wiedergegeben. Unter Animation ist eine trickfilmartige Darstellung der Vorgänge in einer zu simulierenden Anlage zu verstehen. Dabei wird eine Folge von Bildern gezeigt, welche die Komponenten der Anlage und der Veränderung ihres Zustandes wiedergeben. Zur Animation werden Algorithmen für gebräuchliche Bildschirmgeräte vorgestellt.

Eine rechnergestützte Auswertung von Simulationsergebnissen verringert den Zeitaufwand im Verlauf der Simulationsexperimente. Hierzu sind die Meßwerte aus dem Modell zwischenzuspeichern, so daß sie zur Auswertung beliebig aufbereitet werden können. Sollten gleiche Meßwerte unterschiedlichen Auswertungen zugrundeliegen, so ist eine zentral angelegte Meßwertdatei empfehlenswert.

Soll das Simulationsmodell für den Test von Steuerprogrammen eingesetzt werden, so muß es von diesen gesteuert werden können. Dazu ist zwischen dem Simulationsmodell und den Steuerprogrammen ein Austausch von Prozeßdaten notwendig. Wenn das Betriebssystem des Rechners es erlaubt, sollte für die Testumgebung eine Struktur ausgewählt werden, bei der alle beteiligten Programme eigenständig und nebenläufig wirken.

Zur Simulation flexibler Fertigungssysteme mit individuellen Modellen wurde das Simulationsprogrammiersystem SIKTAS auf der Grundlage der in der vorliegenden Arbeit gewonnenen Ergebnisse und Erkenntnisse entwickelt. Am Beispiel einer praktischen Aufgabe wird die Simulation mit SIKTAS exemplarisch vorgestellt. Ein sich anschließendes Kapitel ist zukünftig anstehenden Weiterentwicklungen gewidmet.

Schrifttum

/ 1 / Merchant, M.E.

World Trends in Flexible Manu-
facturing Systems.
The FMS Magazine Vol. 1 No.1
Oct. 1982, pp. 4 ... 5.

/ 2 / Williamson, D.T.N.

'New Wave' in manufacturing.
American Machinist.
Special Report No.607,
Sept. 1967.

/ 3 / Spur, G. ,
      Mertins, K.

Flexible Fertigungssysteme,
Produktionsanlagen der flexiblen
Automatisierung.
ZwF 76 (1981) H.9, S. 441 ... 448.

/ 4 / Wilhelm, R.

Methoden und Hilfsmittel zur Be-
trachtung des Zeitverhaltens
flexibler Fertigungssysteme.
wt-Z. ind. Fertig. 68 (1978) H.6,
S. 347 ... 352.

/ 5 / Schassberger, R.

Warteschlangen.
Wien, New York: Springer,1973.

/ 6 / Ferschl, F.

Markoff-Ketten.
Lecture Notes in Operations
Research and Mathematical
Systems Bd. 35.
Berlin,Heidelberg, New York:
Springer, 1970.

/ 7 / VDI 2696

Simulationsmethoden im Material-
fluß.
Berlin: Beuth, 1971.

-111-

/ 8 / Schöne, A.	Simulation technischer Systeme Bd. 3. München, Wien: Carl Hanser, 1974.
/ 9 / Gordon, G.	Systemsimulation. München, Wien: R. Oldenbourg, 1972.
/ 10 / DIN 19226	Regelungstechnik und Steue- rungstechnik; Begriffe und Benennungen. Berlin: Beuth, 1968.
/ 11 / Komarnicki, J.	Simulationstechnik. Eine Einführung im Medienver- bund. Düsseldorf: VDI, 1980.
/ 12 / DIN 66201	Prozeßrechnersysteme; Begriffe. Berlin: Beuth, 1981.
/ 13 / Steinbuch, K. Weber, W.	Taschenbuch der Informatik. Berlin, Heidelberg, New York: Springer, 1974.
/ 14 / Graefe, U.P.W.	ANEVENT. An Interactive Computer Modelling Package Based on Discrete Event Simulation. Laboratory Technical Report LTR-AN-48. Ottawa, Canada: National Research Council, 1982.

-112-

/ 15 / Clementson, A. T.   ECSL-CAPS.
Detailed Reference Manual.
Birmingham: University of
Birmingham, The Lukas Institute
of Engineering Production, 1980.

/ 16 / Pritsker, A.A.B.   The GASP IV Simulation Language.
New York: John Wiley & Sons, Inc.,
1974.

/ 17 / Lenz, J.E.   General Computerized Manufac-
turing Simulator (GCMS).
The Optimal Planning of Compute-
rized Manufacturing Systems.
NSF GRANT No. APR74 15256 Rep. 7,
West Lafayette, Indiana: School
of Industrial Engineering,
Purdue University, 1977.

/ 18 / N.N.   IBM-General Purpose Simulator
System 1360 User's Manual,
H20-0326-2.
International Business Machine
Corporation, 1967.

/ 19 / Schmitt, B.   GPSS-FORTRAN Version II.
Einführung in die Simulation
diskreter Systeme mit Hilfe eines
FORTRAN-Programmpaketes.
Berlin, Heidelberg, New York:
Springer, 1978.

/ 20 / Niemeyer, G.   Die Simulation von Systemabläufen
mit Hilfe von FORTRAN IV.
GPSS auf FORTRAN-Basis.
Berlin, New York: Walter de
Gruyter, 1972.

/ 21 / N.N.   Entwicklung, Planung und Betrieb
                             von Materialfluß-Systemen Teil 2:
                             INSIMAS-Systembeschreibung.
                             Manuskriptsammlung zur Hannover.
                             Messe 1982.
                             Dortmund: Universität Dortmund,
                             Institut für Förder- und Lager-
                             wesen, 1982.

/ 22 / Lenz, J.E.   MAST
                             User Manual.
                             Oskosh, Wisconsin: CMS-Research,
                             1980.

/ 23 / Stemmer, G.   MFSP - Ein Verfahren zur Simu-
                             lation komplexer Materialfluß-
                             systeme.
                             Diss. Uni Stuttgart: 1976.

/ 24 / Warnecke, H. J.   Untersuchung von Fördervorgängen
                             in der Zentralen Arbeitsvertei-
                             lung (ZAV) mit Hilfe der Simu-
                             lation.
                             wt.- Z. ind. Fertig. 66 (1978)
                             H. 6, S. 307 .. 314.

/ 25 / Pritsker, A.A.B.   Modelling and Analysis Using
                             Q-GERT Networks.
                             New York: Halsted Press, 1979.

/ 26 / Pedgen, D.   Simulation of Manufacturing Sy-
        Ham, I.   stems Using SIMAN.
                             Annals of the CIRP Vol. 31 /1/:
                             1982.

/ 27 / N.N.

SIMFLEX/2
Ein graphisch-interaktives Werkzeug für die Planung und die Analyse von Materialflußsystemen.
Aschaffenburg: PSI GmbH, 1982.

/ 28 / Kampe, G.

SIMSCRIPT
Braunschweig: Friedr. Vieweg & Sohn, 1971.

/ 29 / Lampert, G.

Einführung in die Simulationssprache SIMULA.
Braunschweig: Vieweg, 1976.

/ 30 / Bachers, R.

SIMULAP - ein neuer Weg bei der Simulation von Materialflußprozessen.
Essen: Girardet, HGF-Kurzberichte (Lose-Blatt-Sammlung), Blatt 81/70.

/ 31 / Pritsker, A.A.B.
Pedgen, C.D.

Introduction to Simulation and SLAM.
New York: Halsted Press, 1979.

/ 32 / Ippolito, J.F.

A User's Guide to SPEED:
The Manufacturing Simulation Package.
Boston, Massachusetts:
Horizon Software, Inc., 1981.

/ 33 / Scharf, P.

Strukturen flexibler Fertigungssysteme.
Mainz: Krausskopf, 1976.

/ 34 / Stute, G.

Flexible Fertigungssysteme.
wt.-Z. ind. Fertig. 64 (1974) H. 3, S. 147 .. 156.

/ 35 / Rößner, W.

Materialflußgestaltung in fle-
xiblen Fertigungssystemen.
IPA Forschung und Praxis Bd. 51.
Berlin, Heidelberg, New York:
Springer, 1981.

/ 36 / Döttling, W.

Flexible Fertigungssysteme -
Steuerung und Überwachung des
Fertigungsablaufs. ISW 37.
Berlin, Heidelberg, New York:
Springer, 1981.

/ 37 / Stute, G.
     u. a.

Grundlagen der Prozeßautomati-
sierung für die Fertigung/ Prozeßsteuerung (Steuerung flexibler
Fertigungssysteme).
KFK-PDV Bericht 107, Feb. 1977.

/ 38 / Döttling, W.

Einbeziehung neuer Aufgaben in
den Informationsfluß von flexiblen Fertigungssystemen.
wt.-Z. ind. Fertig. 69 (1979)
H. 8, S. 489 .. 494.

/ 39 / Herrscher, A.

Flexible Fertigungssysteme -
Entwurf und Realisierung pro-
zeßnaher Steuerungsfunktionen.
ISW 39.
Berlin, Heidelberg, New York:
Springer, 1982.

/ 40 / Firnau, J.

Entwurf eines Steuersystemes für
flexible Fertigungssysteme.
Essen: Girardet, HGF-Kurzberichte
(Lose-Blatt-Sammlung), Blatt 77/66.

/ 41 / Wagner, K.

Graphentheorie.
B. I.-Hochschultaschenbuch 248
Mannheim: B. I.-Wissenschaftsver-
lag, 1970.

/ 42 / DIN 66001

Sinnbilder für Datenfluß- und Pro-
grammablaufpläne.
Berlin: Beuth, 1977.

/ 43 / Böckmann, H.-G.

Ergänzungen bei Struktogrammen.
Angewandte Informatik (1983) H.8,
S. 330 ... 336.

/ 44 / Gottschalk, W.

Petri-Netze in der Eisenbahn-
signaltechnik.
Signal und Draht 69(1979) H.8,
S. 171 ... 179.

/ 45 / Behr, J. P.
       Isernhagen, R.
       Pernards, P.
       Stewen, L.

Modellbeschreibung mit Auswer-
tungsnetzen.
Angewandte Informatik (1975) H.9,
S. 375 ... 382.

/ 46 / VDI 3239

Sinnbilder für Zubringefunktionen.
Berlin: Beuth, 1966.

/ 47 / DIN 66003

7 - Bit - Code.
Berlin: Beuth, 1974.

/ 48 / Chmielnicki, S.

SIKTAS-Manual.
Stuttgart:Institut für Steuerungstechnik der Werkzeugmaschinen und Fertigungseinrichtungen
der Universität Stuttgart, 1983.

/ 49 / Bevans, J. P.

First, choose an FMS simulator.
American Machinist, May 1982,
S. 143 ... 145.

/ 50 / Hutchinson, G. K.   Flexible Manufacturing Systems and
                      Simulation.
                      Leipzig: Internationaler Kongreß
                      Metallbearbeitung (IKM), 1982.

/ 51 / Zangemeister, C.   Grundzüge der Nutzwertanalyse in
                      der Systemtechnik.
                      München: Wittemannsche Buchhand-
                      lung, 1970.

/ 52 / Mägerle, E. W.   Einführung in das Programmieren
                      in BASIC.
                      Berlin, New York: Walter de
                      Gruyter, 1974.

/ 53 / Schindler, M.   Computersprachen.
                      Die ideale Lösung ist noch nicht
                      gefunden.
                      Elektronik (1982) H.1, S.74 ...
                      84.

/ 54 / Spiess, W. E.   Einführung in das Programmieren
       Rheingans, F. G.   in FORTRAN.
                      Berlin, New York: Walter de
                      Gruyter, 1974.

/ 55 / Kißling, I.   Programmierung mit FORTRAN 77.
                      Stuttgart: Teubner, 1983.

/ 56 / ISO 7185   Specification for the Computer
                      Programming Language Pascal.
                      International Organization for
                      Standardization, March 1981.

/ 57 / Wirth, N.   Algorithmen und Datenstrukturen.
                      Stuttgart: B.G. Teubner, 1975.

/ 58 / Spur, G.
        Mertins, K.

Der Einsatz flexibler Fertigungssysteme. Gemeinsamer Forschungs-
bericht ISI Karlsruhe, IAB Nürn-
berg, IWF Berlin.
Karlsruhe: KfK-PFT 41, 1982.

/ 59 / Storr, A.

Planung und Realisierung flexibler Fertigungssysteme.
wt.-Z. ind. Fertig. 69(1979)
H.11, S. 681 ... 691.

/ 60 / Stute, G.
        u. a.

Prozeßüberwachung in flexiblen
Fertigungssystemen. PDV-Bericht
148.
Karlsruhe: KfK, 1978.

/ 61 / Stute, G.
        Storr, A.
        Binder, D.

Die Steuerung flexibler Fertigungssysteme.
wt.-Z. ind. Fertig. 65 (1975)
H.6, S. 313 ... 318.

/ 62 / Alemporte, M.

Interacting with Discrete Simulation Using On Line Graphic
Animation.
Computers and Graphics Vol. 1
1975, pp. 309 ... 318.

/ 63 / Gerulat, G.

Die Rastergraphik macht das Ren-
nen. Raster-Scan-Systeme- Ein-
teilung, Aufbau und Möglichkeiten.
Markt und Technik (1982) Nr. 13,
S. 27 ... 36.

/ 64 / DIN 66252

Graphisches Kernsystem (GKS).
Berlin: Beuth, 1983.

/ 65 / Enderle, G.
        Kansy, K.
        Pfaff, G.
        Prestor, F.-J.

Die Funktionen des Graphischen
Kernsystems.
Informatik Spektrum (1983) H 6,
S. 55 ... 75.

/ 66 / Wilhelm, R.

Planung und Auslegung des Materialflusses flexibler Fertigungssysteme. ISW 21.
Berlin, Heidelberg, New York:
Springer, 1978.

/ 67 / Neumann, R.

Operations Research Verfahren
Bd. 3.
Graphentheorie, Netzplantechnik.
München, Wien: Carl Hanser, 1975.

/ 68 / Zick, M.
        Chmielnicki, S.

Simulation des Werkstückflusses
eines flexiblen Fertigungssystems.
wt.-Z. ind. Fertig. 69 (1979)
H.11, S. 137 ... 141.

/ 69 / Stute, G.
        Storr, A.
        Chmielnicki, S.

Planning of Flexible Manufactu-
ring Systems. Simulation and
Motion Display on a Graphic CRT.
Trondheim (Norway): 14th CIRP
International Seminar on Manu-
facturing Systems, 1982.

/ 70 / Autorenkollektiv

Software für flexible Ferti-
gungssysteme.
Bericht des PDV-Arbeitskreises.
ZwF 74 (1979) 10, S. 505 ... 510.

/ 71 / VDI 3424

Direktsteuerung mit Hilfe von
Digitalrechnern
Berlin: Beuth, 1972.

/ 72 / Storr, A.
        Chmielnicki, S.

Proving Simulation Programs with
the Aid of a Graphic CRT.
St. Louis (Missouri): CAM-I International Spring Seminar: "The
Road to Flexible Manufacturing",
1983.

/ 73 / Storr, A.
        Chmielnicki, S.

Zeitdiskrete Simulation von Fer-
tigungssystemen. In:
Beiträge zur Weiterentwicklung
der Automatisierungstechnik.
Fortschritte der Fertigung von
Werkzeugmaschinen 6.
Wien: Hanser, 1983.

/ 74 / Chmielnicki, S.

Modellkontrolle bei dem Simula-
tionsprogrammsystem SIKTAS.
Essen: Girardet, HGF-Kurzberichte
(Lose-Blatt-Sammlung), Blatt 82/8.

/ 75 / Chmielnicki, S.

Simulation - ein Hilfsmittel bei
der Auslegung des Werkzeugflusses
in flexiblen Fertigungssystemen.
Essen: Girardet, HGF-Kurzberichte
(Lose-Blatt-Sammlung), Blatt 80/16.

/ 76 / Thomas, R.
        Yates, J.

UNIX-Anwenderhandbuch.
München: Te-Wi, 1983.

/ 77 / Kernigham, B.
        Ritchie, D.

Programmieren in C.
München: Hanser, 1983.

Berichte aus dem Institut für Steuerungstechnik der Werkzeugmaschinen und Fertigungseinrichtungen der Universität Stuttgart

Herausgegeben von Prof. Dr.-Ing. G. Stute †

Erschienen:

ISW 1 bis ISW 37 vergriffen

ISW 26: L. Schenke, Auslegung einer technologisch-geometrischen Grenzregelung für die Fräsbearbeitung, 113 S., 1979

ISW 27: H. Wörn, Numerische Steuersysteme-Aufbau und Schnittstellen eines Mehrprozessorsteuersystems, 141 S., 1979

ISW 28: P. B. Osofisan, Verbesserung des Datenflusses beim fünfachsigen NC-Fräsen, 104 S., 1979

ISW 29: J. Berner, Verknüpfung fertigungstechnischer NC-Programmiersysteme, 101 S., 1979

ISW 30: K.-H. Böbel, Rechnerunterstütze Auslegung von Vorschubantrieben, 113 S., 1979

ISW 31: W. Dreher, NC-gerechte Beschreibung von Werkstücken in fertigungstechnisch orientierten Programmiersystemen, 105 S., 1980

ISW 32: R. Schurr, Rechnerunterstützte Projektierung hydrostatischer Anlagen, 115 S., 1981

ISW 33: W. Sielaff, Fünfachsiges NC-Umfangsfräsen verwundener Regelflächen. Beitrag zur Technologie und Teileprogrammierung, 97 S., 1981

ISW 34: J. Hesselbach, Digitale Lageregelung an numerisch gesteuerten Fertigungseinrichtungen, 111 S., 1981

ISW 35: P. Fischer, Rechnerunterstützte Erstellung von Schaltplänen am Beispiel der automatischen Hydraulikplanzeichnung, 111 S., 1981

ISW 36: U. Ackermann, Rechnerunterstützte Auswahl elektrischer Antriebe für spanende Werkzeugmaschinen, 118 S., 1981

ISW 37: W. Döttling, Flexible Fertigungssysteme – Steuerung und Überwachung des Fertigungsablaufs, 105 S., 1981

ISW 38: J. Firnau, Flexible Fertigungssysteme – Entwicklung und Erprobung eines zentralen Steuersystems, 112 S., 1982

ISW 39: A. Herrscher, Flexible Fertigungssysteme – Entwurf und Realisierung prozeßnaher Steuerungsfunktionen, 103 S., 1982

ISW 40: U. Spieth, Numerische Steuersysteme – Hardwareaufbau und Ablaufsteuerung eines Mehrprozessorsteuersystems, 115 S., 1982.

ISW 41: A. Schimmele, Rechnerunterstützter Entwurf von Funktionssteuerungen für Fertigungseinrichtungen, 106 S., 1982

ISW 42: M. Sanzenbacher, NC-gerechte Beschreibung von Werkstücken mit gekrümmten Flächen, 105 S., 1982.

ISW 43: W. Walter, Interaktive NC-Programmierung von Werkstücken mit gekrümmten Flächen, 112 S., 1982.

ISW 44: J. Huan, Bahnregelung zur Bahnerzeugung an numerisch gesteuerten Werkzeugmaschinen, 95 S., 1982.

ISW 45: H. Erne, Taktile Sensorführung für Handhabungseinrichtungen – Systematik und Auslegung der Steuerungen, 111 S., 1982.

ISW 46: D. Plasch, Numerische Steuersysteme – Standardisierte Softwareschnittstellen in Mehrprozessor-Steuersystemen, 112 S., 1983

ISW 47: Z. L. Wang, NC-Programmierung – Maschinennaher Einsatz von fertigungstechnisch orientierten Programmiersystemen, 103 S., 1983

ISW 48: J. Schwager, Diagnose steuerungsexterner Fehler an Fertigungseinrichtungen, 121 S., 1983

ISW 49: P. Klemm, Strukturierung von flexiblen Bediensystemen für numerische Steuerungen, 113 S., 1984

ISW 50: W. Runge, Simulation des dynamischen Verhaltens elektrohydraulischer Schaltungen – Einsatz von geräteorientierten, universellen Simulationsbausteinen, 132 S., 1984

ISW 51: H. Steinhilber, Planung und Realisierung von Werkzeugversorgungssystemen für die NC-Bearbeitung, 126 S., 1984

ISW 52: R. Ohnheiser, Integrierte Erstellung numerischer Steuerdaten für flexible Fertigungssysteme, 115 S., 1984

ISW 53: M. Keppeler, Führungsgrößenerzeugung für numerisch bahngesteuerte Industrieroboter, 125 S., 1984

ISW 54: P. Kohler, Automatisiertes Messen mit NC-Werkzeugmaschinen, 129 S., 1985

ISW 55: K.-H. Rieger, Rechnerunterstützte Projektierung der Hardware und Software von speicherprogrammierten Steuerungen, 123 S., 1985

ISW 56: G. Vogt, Digitale Regelung von Asynchronmotoren für numerisch gesteuerte Fertigungseinrichtungen, 126 S., 1985

ISW 57: S. Chmielnicki, Flexible Fertigungssysteme – Simulation der Prozesse als Hilfsmittel zur Planung und zum Test von Steuerprogrammen, 120 S., 1985

Springer-Verlag
Berlin · Heidelberg · New York · Tokyo